KB201980

# 학교 영양교육 내용체계 구성론

# 학교 영양교육 내용체계 구성론

황순녀 著

nutrition
education

한국학술정보㈜

# 서 문

여성의 취업률이 높아지고 저출산·고령화로 가정환경이 달라졌다. 이러한 사회·가정환경의 변화에 따라 식생활 패턴에도 급격한 변화가 일고 있다.

과거에는 식사란 밥을 먹는 것 이상의 의미가 있었다. 식사 시간은 온 가족이 모여 화합을 다지는 시간이었으며, 식습관은 물론 자잘한 생활 습관에 대해서도 충고하고 조언하는 밥상머리 교육의 장이기도 하였다. 식단도 입맛에 맞는 음식만이 아니라 몸에 좋은 영양식, 즉 웰빙(well-being)을 지원하도록 짜 왔었다. 이렇게 가정이 식생활에서 제 기능을 할 때는 학교가 별도로 영양 교육을 하지 않아도 되었다.

그러나 이제는 사정이 많이 달라졌다. 가족이 한 자리에 모여서 단란한 시간을 보내며 함께 식사하기가 어려워졌다. 각자가 따로 따로 식사를 할 뿐 아니라 아이 혼자서 밥을 먹는 '독식'도 늘어났다. 모처럼 가족이 한 자리에서 식사를 한다고 하더라도 가정에서 직접 음식을 조리해서 먹기보다는 외식을 하는 경우가 더 많다. 전체 음식 섭취량에서 간식이 차지하는 비중도 현저히 늘었고, 음식도 영양의 균형보다는 입맛 중심으로 변해 간다.

그 결과 과영양에 따른 어린이 비만이나 성인 질병이 날로 증가하고 있다. 사회·가정환경의 변화가 식생활 패턴에 변화를 일으키고 국민의 영양·건강 문제로까지 확산되고 있는 것이다.

이제 이러한 문제는 한 가정의 일이 아니라 국가 차원에서 해결해야 될 시대적 과제가 되었다. 어린 시절은 물론이고 성인이 된 뒤에까지 영양 불균형으로 인한 각종 문제를 예방하기 위해서는 학교가 체계적으로 영양 교육을 해 나가지 않으면 안 될 상황을 맞은 것이다.

그렇다면 이렇게 변화하는 환경 속에서 아이들의 식생활에 가장 큰 영향을 미치는 요소는 무엇인가? 모든 국민이 식생활을 개선하여 영양적으로 지속 가능한 환경을 조성하기 위해서는 무엇을 어떻게 해야 하는가?

최근 국민 영양 조사의 간식 섭취 실태 조사에 따르면 70~80% 이상의 어린이가 하루 평균 1~2회 이상 간식을 먹는 것으로 나타났다. 간식으로 먹는 식품은 스낵·과자류가 1위를 차지했다. 이 통계는 매우 심각한 문제를 암시한다. 스낵·과자류에 포함된 염분·당분·지방을 과잉 섭취하게 되는 문제뿐 아니라 미각이 각종 첨가물에 길들여져서 갈수록 첨가물 섭취가 늘어날 우려도 매우 크다.

이는 또 영양 문제와 결부되어 아이들의 체격과 건강에도 적지 않은 영향을 미칠 수 있다.

초등학교 시절은 신장과 체중이 집중적으로 성장하는 시기이다. 그런데 최근 우리나라의 초등학생 중에는 또래의 정상적인 성장이라고는 보기 어려울 정도로 지나치게 큰 조숙 아동이 눈에 띄게 늘어나고, 비만 경향을 보이는 어린이의 비율도 계속 높아지는 것으로 나타나고 있다. 반대로 체력과 운동 능력은 떨어지는 현상이 계속되고 있다. 이런 현상은 식생활과 운동을 포함한 생활 습관 개선이 시급함을 말해 준다. 더욱이 만성질환의 발생 비율이 높아져서 사회 경제적으로 부담이 증가되고 있는 실정을 볼 때, 식생활과 질병 양상의 급속한 변화에 대응하기 위해서라도 어린 시절부터의 영양 교육은 매우 절실하다.

정신적 성장 또한 몸의 성장과 균형을 이루지 못하고 있음이 지적되고 있다. 이는 성장의 다음 단계 즉 청소년기의 문제와 직결되어 각종 청소년 문제의 한 원인이 될 수 있음은 간과할 수 없는 일이다. 이런 측면에서 초등학교 시기의 식생활·영양 교육의 중요성은 더욱 커질 수밖에 없다. 신체와 정신의 균형 있는 성장을 도울 수 있는 식생활을 통해 풍요로운 인성과 사회성을 기르도록 하는 새로운 교육 방법이 대두되어야 하고, 그 중심 역할을 학교가 해야 한다.

학생들은 하루의 1/3 정도를 학교에서 보내며, 학교급식의 확산으로 학급 친구·선생님과 점심을 함께 먹는 것이 현재의 실정이다. 학교는 함께 식사를 하고 하루의 많은 시간을 함께 보내는 또 다른 형태의 가족공동체를 형성하고 있다고 볼 수 있을 것이다. 학교

급식은 학생의 1일 영양 공급량에서 큰 비중을 차지하며 학교는 생활 습관을 형성하는 연습장이기도 한 것이 현실이다. 따라서 학교는 학생들에게 모든 생활교육의 기초(반)를 바로 세울 수 있는 좋은 터전이 되어야 하며, 식생활에서도 학생 스스로 자기 생활을 관리할 수 있는 능력을 키우도록 하는 교육 방법을 찾아야 할 것이다.

그러기 위해 가장 현실적 방안은 학교가 영양 교육과 식생활 지도를 병행할 수 있는 구체적이고 체계적인 교육 프로그램을 구성하고 급식을 통해 실천해 나가는 것이라고 생각된다. 구체적인 영양 교육 목표를 설정하고 효과적인 접근 방법을 마련하는 일이 시급하다 하겠다.

선진국들은 영양 교육 환경 변화에 초점을 맞추어 식생활과 관련된 교육 내용과 효과적인 교육 방법을 구체적으로 연구하여 실행 단계에 와 있다. 이런 상황을 보더라도, 우리도 학교에서의 영양 교육에 대한 연구와 실천을 더 늦출 수는 없게 되었다.

현재는 실과, 가정·기술, 체육 과목에 식생활에 대한 내용이 일부 포함되어 있다. 그러나 식생활 교육의 구체적인 목표나 내용 체계가 소극적으로 구성되어 적극적인 교육 체계가 필요하다. 그리고 지금까지 학교 급식만을 전담해 왔던 학교 영양사가 교직으로 전환하여 학교 급식 운영과 아울러 영양 교육까지 맡게 됨에 따라, 학교 영양 교육의 목표와 내용을 구성하고 교육 체계를 갖추는 일이 더욱 시급한 과제가 되었다고 할 수 있다.

필자는 학교에서의 영양 교육 실현을 위해 오랜 기간 동분서주하며 활동에 매진하면서 학교에서 영양 교육이 시작되면 무엇부터 어떻게 해야 할 것인가를 고심해 왔고, 그러는 동안 우리가 해야 할 역할을 발견하게 되었다. 그것은 바로 학교에서 영양 교육을 실행하기 위해 교육 체계를 구체적으로 구성하는 일이다. 우리는 그동안 이론적인 기초나 실행 요인에 대한 체계적인 계획이 약한 상황에서 영양 교육을 해 왔다고도 할 수 있다. 저자가 영양 교육 이론으로서 '행동·태도·기능·지식(B·A·S·K) 모형'을 개발하게 된 배경도 여기에 있다.

이 책은 학교 영양 교육에 적용할 수 있는 기초 이론으로서, 영양 교육 이론(KAB)에 교육 목표 이론을 접목하여 'B·A·S·K 모형'을 개발하고, 동 모형에 터하여 델파이 조사 연구를 통한 전문가 합의로 학교 영양 교육의 목표와 내용을 체계화한 것이다. 이 영양 교육 모형을 연구와 실천 과정에 활용하여 학교 영양 교육이 한 차원 더 질적으로 발전하는 데 기여하고, 더 나아가 후속 연구를 통해 이 모형이 영양 교사나 영양 교육 연구에 가치 있는 이론으로 평가받기를 바라는 마음 간절하다.

끝으로 미래 한국인의 영양 문제를 예방하고 개개인의 건전한 식생활을 위해 학교 영양 교육의 중요성과 필요성을 인정하여 이 저서를 출판해 주신 한국학술정보(주)의 채종준 대표이사님과 김상희님께 감사 인사를 드린다.

2008년 초봄에
황 순 녀

# 목 차

# 표 목차

# 서     론

영양(nutrition)은 유기체가 생명을 지속해 가는 데 필요한 물질을 외부로부터 섭취하는 현상이다. 섭취한 물질을 체내 대사하는 과정에서 체성분과 에너지를 얻어 생명현상을 지속할 수가 있는 것이다. 인간이 외부로부터 의식적으로 섭취하는 것이 음식물이기 때문에, 영양 현상이 구체적으로 표현되는 것을 식생활이라고 한다. 식생활은, 건강을 유지하고 질병을 예방하기 위해 필요한 영양소를 과학적인 이론 체계에 따라 식품을 선택하고 조리하는 과정 등의 일상적인 소비 행태와, 그것에 영향을 주는 여러 환경 요인에 따라 이루어지는 식문화의 통합적인 구현 과정이라 할 수 있다.

영양 문제는 개인의 건강이라는 미시적인 차원만 아니라, 유능한 인적 자원이 있어야 국가 경쟁력을 높이고 복지사회를 실현할 수 있다는 거시적인 차원에서도 중요한 의미를 가진다. 즉 국민의 영양 문제를 효율적으로 해결하지 못하면 개인만이 아니라 국가도 지속적으로 발전하기 어렵다고 할 수 있는 것이다.

현재 우리나라가 당면하고 있는 영양 문제의 특징은 급속한 경제발전에 따라 영양 부족과 영양 과잉이 공존하는 것인데, 이는 지역과 연령 및 소득 계층에 따라 다르게 나타나고 있다. 또 식생활 습관과 관련된 만성 퇴행성 질환이 급격히 증가하고 있다는 것도 간과하기 어려운 사회 문제로 대두되고 있는 실정이다. 그러므로 국민 영양 문제를 다룸에 있어서는 영양 부족에 대한 대책의 수립과, 급격하게 증가하고 있는 영양 과잉 계층에 대한 적절한 관리가 동시에 이루어져야 할 것이다. 그리고 식생활 습관과 관련된 만성 퇴행성 질환의 경우에도 의료적 대책에 못지않게 식생활 대책이 중요하게 고려되어야 할 것이다. 이와 같은 영양 문제를 해결하기 위한 방안은 다각도로 검토되어야 하겠지만 가장 중요한 것은 학교 영양 교육을 통해 성장기의 어린이들에게 올바른 식생활 태도를 길러 주는 일일 것이다.

초등학교부터 식생활에 대한 올바른 가치관과 태도를 기르고 그것을 실천하는 행동 양식을 가르쳐야 하고, 실제 지금도 이 부분은 미흡한 대로나마 실천하려는 노력이 있는 것은 분명하다. 그러나 중·고등학교로 학년이 높아 갈수록 식생활에 대한 인식이 변하고, 지나친 학업 부담 등으로 인한 시간 부족과 무분별한 간식에 따라 식생활이 불규칙하게 변화되고 있다. 특히 '학생들의 불규칙한 식습관, 과식, 결식, 외식 등의 빈도가 높아지는 좋지 않은 식생활 습관이 문제가 되고 있다.'

영양 과잉으로 인한 비만은 성인뿐 아니라 아동이나 청소년의 경우에도 계속적으로 급격히 증가하는 추세에 있다. 최근에는 사회적으로 비만 문제와 외모에 대한 관심이 많아짐에 따라 부적절한 체중 조절로 인한 저체중의 발생 비율도 증가하고 있는데, 실제 10대 여학생 대부분이 외모에 대해 왜곡된 인식과 무리한 다이어트가 빚는 건강상의 문제를 보이고 있다.

급격한 체중 감소는 성장 지연, 우울증, 기초 대사량의 감소 및 신경성 식사 거부증 또는 불리미아(bulimia)와 같은 섭식 장애를 유발한다(Story & Alton, 1991). 이렇게 청소년기 영양이나 체형에 있어서도 양극화 현상이 두드러져 청소년들에 대한 바른 영양 교육이 절실히 필요하다.

한편 가장 우려되는 식생활의 변화는 패스트푸드의 범람과 이를 선호하는 청소년들의 문제이다(이기완 등, 1998). 패스트푸드는 염분과 지방 함유량이 많아 영양 과잉을 유발한다고 미국심장학회에서 발표하였으며, '영양 불균형으로 비만과 만성질환의 발생 요인이 될 수 있다는 지적도 있다. 좋지 못한 식생활 습관은 비만과 만성질환으로 이어져 개인의 생산 활동 위축은 물론 질병 관리에 많은 시간과 경비를 소모하게 만든다. 미국 상원 영양 문제 특별위원회는 식생활 개선으로 미국 의료비의 1/3을 절약할 수 있다고 추정하였는데, 이는 1993년 국제은행(The International Bank)이 발간한 World Development Report 에서 추천하는 방향과도 일치한다.

영양 문제를 근본적으로 해결하기 위해서는 개인이나 국가, 사회가 영양에 대한 과학적인 지식을 토대로 실질적인 문제 해결의 기능을 익히며, 올바른 가치·태도를 형성해야 한다. 이것은 개인의 식생활 습관 개선과 정부의 영양 정책의 토대가 되는데, 그 기초 경로가 영양 교육이다. 영양 교육을 통해 바람직한 식생활 습관을 형성할 수 있다는 사실은 이미 많은 연구에서 입증되고 있다(Contento et. al., 1995; Stang et. al., 1998; Norton et, al., 1997). 교육이 건강 수준 향상에 가장 큰 역할을 하는 이유는 건강 유지의 효율성을 제고시키기 때문이다(Grossman, 1972).

영양 문제 개선과 예방을 위한 방법으로는 식품 영양 정책 수립, 대국민 영양 교육, 영양 프로그램의 개발 등을 들 수 있다. 그중에서도 학교 중심의 영양 교육은 바람직한 식습관을 형성하여 이전의 식행동을 수정하고 영양과 질병 예방의 관계를 가르치는 데 효과적인 것으로 알려져서(Jamie et. al, 1998), 이를 영양 문제의 근본적인 해결 방안이라 한다.

2000년대의 영양 교육은 보충 식품을 권장하던 이전과는 달리 식품의 섭취를 줄이는 쪽으로 전환되는 경향을 보인다. 이러한 경향은 식생활이 만성질환의 발생과 진행에 주요한 변수임이 확인되면서 더욱 확산되고 있다. 이에 따라 만성질환의 예방과 치료를 위해서도 식생활 관리의 중요성은 더욱 부각되며, 이런 현상은 세계적인 추세이다.

영양 문제를 저비용-고효율로 해결하기 위해서는 유치원을 비롯한 초·중등학교에서 지속적인 영양 교육이 이루어져야 하고, 지속적이고 체계적인 학교 영양 교육을 뒷받침하는 제도적 틀이 교육 과정이다. 교육 과정은 교육의 궁극적 목표인 행동 변화를 이끌어 낼 수 있도록 내용과 방법을 효율적이고 체계적으로 구성해야 한다. 또한 영양 교육 과정을 체계적으로 구성하기 위해서는 교육의 목표와 내용·실제 학습 내용을 정비하여야 한다.

그러나 현재 우리나라에서는 학교 급식에서 영양을 독립 과목으로 설정하고 있지 않기 때문에 영양 교육의 목표와 내용 구조가 명료하지 않다. 현행 제7차 교육 과정에서 영양 교육은 초등학교 실과와 중등학교 기술·가정과의 한 영역으로 짜여 있는데, 기술·가정과의 교육 과정에는 영양 교육의 목표가 별도로 설정되어 있지 않다. 기술·가정과의 교과 내용은 '가족과 일의 이해', '생활 기술', '생활 자원과 환경의 관리' 세 영역으로 되어 있는데, 영양 교육은 '생활 기술' 영역의 한 요소로 편제되었다. 그 밖에 체육이나 과학 등 다른 과목에서 영양과 관련된 최소한의 내용을 간헐적으로 다루고 있어, 식생활 관리의 중요성이 대두되는 새로운 시대 상황에 맞도록 이를 재정비해야 한다.

학교 영양 교육에 관한 선행 연구로는 '초등학교 영양 교육 지침서 개발', '중학교 식생활 교육 내용 연구', '학교 식생활 교육 내용 요구도 분석', '초등학교 실과 지도 내용의 적정화 연구', '중학교 교과서 식생활 내용 분석' 등이 있으나, 영양 교육 목표와 내용 구성에 대한 전반적인 연구는 미비한 편이므로 앞으로 이에 대한 연구를 더 해 나가야 할 것이다.

미국의 한 연구는 '초 · 중 · 고등학교에서 가정교육을 지속적으로 하면 영양에 좋은 식품을 선택하도록 동기 부여를 할 수 있다(Lewis et. al, 1988)'고 하였다. 이것은 소극적인 교육 체계로서 지식, 기능, 태도까지의 과정을 뜻한다. 그러나 영양 교육에 일반적으로 적용되는 지식, 태도, 행동 이론은 행동 변화까지 가능하게 하는 적극적인 교육 체계를 요구하고 있다.

소극적인 교육 체계로는 현재의 영양 문제 해소는 물론 미래 사회의 영양 문제를 예방하기에 미흡하기 때문에 적극적인 영양 교육 체계를 구축해야 할 필요가 있다. 이 책은 현재의 영양 문제와 미래 사회의 영양 문제 예방 방법까지 고려하여, 학교 영양 교육의 목표와 내용을 구성하는 데에 중점을 두었다.

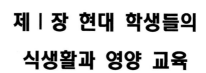

# 제Ⅰ장 현대 학생들의
# 식생활과 영양 교육

# 1. 현대 학생들의 식생활 문제

요즘 학생들은 다양한 식품이 넘쳐 나는 환경에서 풍요로운 식생활을 누리고 있으면서도, 영양의 균형, 식사 방식 등에서는 많은 문제점을 보이고 있다. 편향되거나 지나친 영양 섭취 등 잘못된 식생활이 원인인 각종 생활습관병, 비만증 등의 질병이 증가하고, 그 발생 연령이 갈수록 내려가는 새로운 건강 문제가 증가하고 있다.

학령기는 기본적인 생활 습관이 형성되는 시기이며 생애에 걸친 건강의 기초가 이루어지는 시기로서 올바른 생활 습관이 형성될 수 있도록 충분한 배려가 필요한 시기이다. 이 시기의 식생활은 신체의 발달을 도와줄 뿐만 아니라 정신적인 발달, 사회성 함양과도 밀접한 관계를 갖는다. 몸과 마음, 그리고 사회성의 조화 있는 발달을 통하여 연령에 적합한 자기 관리 능력을 키워 나갈 수 있도록 해야 할 것이다.

현대의 학생들은 염분과 당분이 많은 간식, 서양 음식에 대한 선호도가 높고, 식환경 역시 이러한 기호에 따라 간식이나 가벼운 식사, 당분이 많은 재료 등을 손쉽게 구할 수 있도록 형성되어 있다. 가정에서는 아동들에게 간식을 자유롭게 주고, 식단도 학생들의 기호에 맞추어 육류 중심으로 짜여진다.

이런 상황에서 학교급식은 학생들의 식생활에 어떤 역할을 해야 하는 것일까?

무엇보다 중요한 것은 학생의 신체 발달과 건강을 유지하는 기능을 담당해야 한다는 점이다. 학생 신체의 건강 문제에서 가장 긴급하고 중요한 것은 생활습관병의 예방이다. 생활습관병은 '식습관, 운동 습관, 휴식, 흡연, 음주 등의 생활 습관이 증상을 유발하고, 진행에 영향을 주는 질환'이라고 정의하고 있으며, 뇌혈관 질환, 심장병(선천성 제외), 고혈압, 비만 등을 예로 들 수 있다. 생활습관병으로 이어지는 식생활의 문제점으로는 동물성 지방·염분·당분의 과잉 섭취 등이 지적되고 있다. 학교 급식에서는 영양 기준량은 연령별 학생의 하루 영양 기준량의 1/3로 설정되어 있으며, 성장기에 필요한 영양소, 특히 부족하기 쉬운 미량 영양소 공급에 주의하여 영양 불균형을 바로잡을 수 있도록 권장하고 있다.

그와 함께 불규칙한 식사 시간, 그리고 식사 장소에서의 인간관계 등이 학생의 정신적 발달에 미치는 영향에 대해서도 지적하고 있다. 식사는 신체 발달뿐만 아니라 정신과 사회성의 발달과도 깊은 관련이 있다고 하며, 어린 시절의 식생활을 통해 얻게 되는 만족감, 신뢰감은 자아존중감, 정신·정서적 안정감 등 정신적 발달에도 큰 영향을 준다고 한다.

각종 심신의 건강 문제는 식생활 습관에서 기인하는 경우가 많으므로 생애에 걸쳐 건강한 삶을 살아가기 위해서는 개인이 바른 식생활 습관을 몸에 익힐 필요가 있다. 특히 학령기는 건강한 식습관이 형성되는 중요한 시기이므로, 학생 개개인이 '무엇을 얼마만큼 먹으면 좋을까' 하는 바람직한 식생활 습관의 기초·기본을 체득할 필요가 있으며 그러기 위해서는 학교 영양 교육 목표에 따라 식생활을 더욱 체계적이고 충실하게 지도해 나가야 한다.

## 2. 우리나라 영양 목표와 식생활 지침

건강을 결정하는 요인 중 개인의 생활 습관이 차지하는 비중이 점점 더 높아지는 것으로 밝혀지고 있다. 잘못된 생활 습관은 만성질환의 유병률을 높이는 주된 요인이며 생활 습관을 적절히 조절하여 만성질환의 발생을 사전에 차단하는 것은 건강 수명 연장에 크게 기여하게 된다. 21세기는 노령화와 만성질환으로 인한 사회·경제적 부담이 증가하고 있다. 급속한 고령화로 인한 총체적 질병 부담을 줄이고 건강한 국민 육성에 주안점을 두는 적극적인 정책 수행이 필요한 시점이다. 이미 선진국에서는 1980년대부터 국가 차원의 건강 증진 전략을 추진하고 있다.

건강 수명을 연장할 수 있는 생활 습관 습득은 균형 잡힌 영양을 섭취하는 건강한 식생활 습관을 형성하는 일에서부터 시작되어야 한다. 바른 식생활 습관은 영양에 대한 올바른 지식과 태도를 가지고 스스로 영양 문제를 분석하여 문제를 해결할 수 있도록 행동으로 실천하는 일상생활의 습관이다. 바른 식생활 습관 습득은 건강한 국민 육성의 기본이며 영양 교육이 추구하는 궁극적인 목표이다. 구체적인 영양 목표와 식생활 지침은 영양 교육의 방향을 설정하고 효과를 평가하는 지표가 되며 활용하기 좋은 교육 재료가 된다.

우리나라 국민의 영양소 섭취 현황을 살펴보면(1998년 국민건강·영양조사) 지방, 포화지방산, 식이 콜레스테롤, 복합 탄수화물, 나트륨 등의 섭취량이 증가하고 있는 반면, 칼슘, 철, 리보플라빈과 같은 영양소의 섭취량은 여전히 부족한 것으로 나타났다. 이러한 식습관은 비만 인구의 증가에도 영향을 미친다. 많은 질환이 과체중과 비만에 관련되어 있는데 과체중이거나 비만인 사람들은 고혈압, 당뇨병, 심혈관 질

환, 발작, 담낭 질환, 골다공증과 몇몇 종류의 암에 노출될 위험성이
높다.

식이와 관련된 건강 상태는 성, 연령, 사회경제적 요인 등 집단에
따라 차이가 있다. 따라서 과체중 또는 비만인 경우뿐만 아니라 유아
기, 청소년기, 임신수유기, 노인과 같이 생애 주기에 따라 적절한 영양
섭취가 이루어져야 하며, 저소득층, 보호시설에 있는 사람 등, 여러 측
면에서 관리가 요구되는 것이다. 우리나라 2010년 건강 증진 목표로
서 선정된 영양 분야의 목표는 다음과 같다(보건복지부·한국보건사회
연구원).

## 가. 영양 목표 설정

### 1) 영양소 수준

· 영양권장량에 맞는 칼슘을 섭취하는 인구 비율을 50% 수준으로
  증가시킨다.
· 나트륨을 1일 3500mg(식염 10g) 이하로 섭취하는 인구 비율을
  50% 수준으로 증가시킨다.
· 지방 섭취량의 상승 경향을 멈춘다: 지방은 총 열량의 20% 이하
  로 섭취한다.
· 영양권장량에 맞는 철을 섭취하는 인구 비율을 50% 수준으로 증
  가시킨다.
· 영양권장량에 맞는 비타민A를 섭취하는 비율을 50% 수준으로 증
  가시킨다.
· 영양권장량에 맞는 비타민$B_2$를 섭취하는 인구 비율을 50% 수준
  으로 증가시킨다.

## 2) 신체 수준

· 성인 인구의 체중 과다(BMI 〉=25) 인구 비율을 15% 수준으로 감소시킨다.
· 영유아의 성장 지연 인구 비율을 5% 수준으로 감소시킨다.
· 저체중 인구 비율을 10% 수준으로 감소시킨다.

## 3) 영양 관련 행동 수준

· 모유만을 수유하는 영아(생후 4개월)의 인구 비율을 50% 수준으로 증가시킨다.
· 저소득층의 결식률을 20% 수준으로 감소시킨다.
· 잘못된 식습관에 의한 아침 결식률을 25% 수준으로 감소시킨다.

## 4) 영양 관련 환경 수준

· 영양감시체계(Nutrition monitoring surveillance)를 구축한다.
· 대상 집단별 영양 교육 및 영양 상담을 활성화한다.
· 의료기관에서의 영양 교육 및 영양 상담을 활성화한다.
· 영양표시제도를 확대.
· 학교급식을 질적으로 향상시킨다.
· 적절한 영양 정보 제공 체계를 구축한다.
· 사회복지시설의 영양 관리 프로그램을 구축한다.

## 나. 한국인을 위한 식생활 목표(보건복지부)

· 에너지와 단백질은 권장량에 알맞게 섭취한다: 설정 근거(권장량

대비 평균 섭취 비율의 증가에 주목)
· 칼슘, 철, 비타민 A, 리보플라빈의 섭취를 늘인다: 권장량 대비 평균 섭취 비율이 가장 낮은 영양소.
· 지방의 섭취는 총 에너지의 20%를 넘지 않도록 한다: 지난 30여 년간 평균 지방 섭취량 2.5배로 증가, 학생 및 젊은 성인층의 평균 지방 에너지 섭취 비율 20% 초과.
· 소금은 1일 10g 이하로 섭취한다: 1998년 전 국민 평균 나트륨 섭취량·소금 상당량 11.6g, 단계적으로 낮추기 위한 첫 단계 목표.
· 알코올의 섭취를 줄인다: 성인, 노인, 가임기 여성 및 청소년의 음주 증가.
· 건강 체중(18.5≤BMI<25)을 유지한다: 과체중 인구의 급속한 증가.
· 바른 식사 습관을 유지한다: 습관성 결식 증가.
· 전통 식생활을 발전시킨다: 패스트푸드의 소비 급증.
· 식품을 위생적으로 관리한다: 식중독 발생 증가.
· 음식의 낭비를 줄인다: 식품 수입량의 지속적 증가 및 음식물 쓰레기로 인한 환경오염.

국가의 영양 목표는 국민 전체의 대표적인 영양 문제를 구체적으로 설정하기 때문에 영양 문제 해결의 지표가 된다. 따라서 모든 영양 교육의 중재는 이러한 취지와 실태를 충분히 반영하여 교육 계획에 적극적으로 반영하여야 할 것이며, 학교 영양 교육의 교육 과정이나 학습 목표 및 내용 등은 우리나라 영양 목표에 도달할 수 있도록 구성되고 진행되어야 한다. 그러기 위해서는 일반적으로 적용할 수 있는 한국인을 위한 식생활 목표를 학습 목표나 단원 목표로 활용하는 것이 좋겠다.

## 3. 학교 영양 교육의 정의

학교 영양 교육이란 '학생이 식생활을 하는 데에 영양학과 식생활의 건강 관련 지식을 활용하고, 식품 선택에 영향을 미치는 다중 요인을 고려하여 영양적으로 건전한 식품 선택의 의사 결정을 향상시킬 수 있도록 학교에서 계획적인 교육과정으로 적절하게 지원해 주는 과정'이라 정의할 수 있다. 따라서 학교 영양 교육은 학생이 스스로 식생활에 관해 생각하고, 개선하고자 하는 의지를 가지고 식생활을 결정하며, 실천하는 능력을 몸에 익힐 수 있도록 각 교과 활동 시간과 급식 시간에 올바른 식생활 지도를 목적으로 하고 있다. 그리고 구체적인 각각의 목표에 따라 수준별 지도 내용을 다르게 설정하여 운영하여야 한다.

식생활 지도의 목적을 실현하기 위해서는 학생 스스로 식생활을 개선하고자 하는 의지와 실천 능력을 습관화할 수 있도록 학교 교육 활동 시간과 급식 시간에 체계적으로 지도하여야 한다.

각 교과 시간 등에 이루어지는 지도는 급식 시간의 지도와 연계되게 구성하고, 식생활에 관련된 과제를 설정하여 식생활 지도를 할 필요가 있으며, 지도 교재는 식단과 조리를 고려한 식생활 지도 교재를 통해 실천적 지도를 할 수 있어야 한다. 이렇게 해서 교과 시간에 배운 지식과 급식 시간에 체득한 내용이 연관될 수 있도록 해야 하고, 그와 동시에 식생활에 대한 흥미와 관심을 높이고, 이해도 높이는 것 또한 고려할 수 있어야 한다.

학교급식 시간은, 친구들과 어울려 식사하는 즐거움, 맛있는 음식을 먹는 기쁨, 식사에 적합한 환경에서 식사하는 안정감 등을 얻을 수 있

는 시간이다. 식사를 통해 얻은 즐거움과 기쁨을 계기로 하여, 신체적
· 정신적 건강뿐 아니라 사회성 함양을 도모할 수 있어야 하며, 또한
학생이 스스로 건강에 대해 관심을 갖고 식생활에서 자기 관리 능력
을 높여 생활력을 길러 나갈 수 있어야 한다.

　식생활 지도는, 급식 시간뿐만 아니라 특별 활동 같은 학급 활동과
학교 행사에서부터 일반 교과 시간에도 보편적으로 널리 이행되어야
하므로 교과 등에서의 학습과 급식 시간에서의 지도를 관련짓는 노력
이 요구된다. 학생들의 급식 시간은, 교과 시간과는 다르게 교사도 같
이 편안하고 즐겁게 식사를 하는 등, 학교생활 중에서 긴장으로부터
해방되어 기분 전환을 도모하거나, 오후 시간에 활력을 불어넣어 줄
수 있는 시간이다. 또한 준비와 뒷정리 등의 공동 작업을 통해 책임감
과 연대감을 기르고 동시에 음식을 마련하는 사람들에게 감사의 마음
을 가지게 되는 등 마음을 풍요롭게 가꾸고, 나아가 바람직한 인간관
계로까지 이어질 수 있도록 하는 큰 특성을 가지고 있다. 따라서 매일
매일 학습하는 교과 내용을 급식의 식단 · 영양 지도와 관련지어 지도
함으로써 아동들이 식생활에 관한 다양한 지식을 총합적으로 학습할
수 있도록 하며, 영양 교육의 성과를 한층 더 높일 수 있으리라 생각
한다.

# 제Ⅱ장 영양 교육의 목표와
# 내용 구성을 위한 이론

# 1. 영양 교육의 배경과 목표

## 가. 영양 교육 환경의 변화

영양 교육은 인류가 시작된 이래 어느 시대이든 계속되어 온 일이라 할 수 있다. 모든 사회에서 아이들은 어른들로부터 생존과 건강에 유익하거나 해로운 식품에 관하여 배우기 때문이다. 인류학자 미드 (Margaret Mead)는 '아이들이 그들의 문화로부터 식품에 대한 생물학적인 기본 욕구를 스스로 충족시킬 수 있는 방법을 배우지 않는다면, 한 세대로부터 다음 세대로 생존이 이어질 수 없다'고 하였다.

그러나 아이들이 배우는 내용은 시대에 따라 많이 변해 왔다. 사냥이나 집단 유목 생활을 하는 사회에서는 동물을 사냥하고 자연 속에서 식품을 수집하는 방법을 배웠을 것이고, 농경 사회에서는 식물 재배와 동물 사육 방법과 함께 식품을 준비하고 보존하는 방법을 배웠을 것이다.

2000년대의 아이들은 대부분의 식품을 슈퍼마켓에서 구입하는데, 이러한 식품들은 고도로 가공·포장된 것들이기 때문에 선택하는 데 많은 지식과 판단력이 필요하다. 그에 비해 가족과 함께 식사하는 횟수가 줄어드는 등 아이들이 가정에서 식품에 대한 지식과 상식을 얻을 기회는 상대적으로 줄어들고 있다.

지금의 아이들은 식품에 관한 정보를 주로 슈퍼마켓이나 광고를 통해 수집하게 된다. 아이들이 식품 광고에 노출되는 시간은 일 년에 150여 시간 정도라는 통계가 있는데, 광고를 통해 접하는 식품은 대부분 지방이나 설탕 함유량이 많은 가공식품이라는 것을 생각하면 이는 심각한 문제라 할 수 있다.

이런 상황에서 학교에서의 영양 교육은 식품에 관한 정보를 바르게 판단하는 데 중요한 지표가 될 수 있다.

학교에서 영양에 대해 무엇을 가르칠 것인가? 이 문제에 대한 답은 간단하지만은 않다. 학교 교육에 "영양"이라는 교과목이 처음 도입되었을 때에는 영양 교육은 칼로리와 단백질이 풍부한 식품을 섭취하도록 권장하는 데 초점이 맞추어졌다. 그러나 2000년대의 상황은 새로운 내용의 영양 교육을 요구하고 있다.

1970년대와 1980년대 이후 식생활과 만성질환의 관계가 밝혀지면서 건강에 좋은 식품을 섭취하는 것 못지않게 건강에 해롭거나 덜 이로운 식품의 섭취를 줄이는 일이 중요해졌다. 특히 21세기에는 노령화와 만성질환으로 인한 사회경제적 부담의 증가가 큰 문제로 부각되고 있다.

평균수명은 연장되었지만 질병 없이 사는 기간인 '건강 수명'은 오히려 단축되는 추세로 1999년 현재 65.0세(남성 62.3세, 여성 67.7세)에 머물고 있다. 실제로 전 생애의 약 13.2%를 질병과 장애 속에서 살고 있는 셈이다. 한국인의 10명 중 4명이 만성질환에 시달리며 이로 인한 연간 생산성 손실액이 GDP의 1.7%에 이르고 국민 의료비 증가는 1998년 현재 200천억 원을 넘어섰다(보건복지부, 2002). 이에 따라 우리나라에서도 주요 질환에 대한 국가 관리 목표를 과학적으로 설정하고 목표 달성을 위한 구체적 실천 전략을 연구하여 전개하고 있다.

건강을 결정하는 요인 중 개인의 생활 습관이 차지하는 비중이 52%나 되는 것으로 밝혀지고 있다. 따라서 식생활 습관을 교육하면 개인의 건강 수명을 연장시키고, 국민 의료비의 증가를 억제하며 생산성을 높이는 효과를 가져 올 것이다.

Popkin(1999)은 저소득 국가나 개발도상국의 도시 거주 인은 정제 식품과 고지방 식품 의존도가 높은 서구적인 식사를 선호하고 운동량은 적은데, 이런 생활 습관은 비만 발병률을 높이게 되고, 비만의 급격한 증가는 질병 양상을 만성질환으로 변화시키게 되며, 만성질환은 감염성 질환이나 선천성 대사 이상과는 달리 지속적인 관리가 필요하므로 건강관리 비용을 상승시키게 된다고 지적하였다. 결국 올바른 식생활 습관이 만성질환을 감소키고 생산성을 높여 의료비용을 줄이는 데 매우 중요한 변수가 되는 것이다.

올바른 식생활 습관을 익히기 위해서는 역시 체계적인 영양 교육이 이루어져야 할 것이다.

Contento(1995)는 지난 수십 년 동안 실시되었던 영양 교육 프로그램에서 영양 내용과 교육의 효과를 분석하였다. 영양 교육의 목표를 이루기 위해 두 가지 접근법이 있어 왔다. 하나는 아이들이 식품 영양에 관한 광범위한 주제를 이해하고 건강에 좋은 식품을 선택하는 데 필요한 지식과 기술, 태도를 증진하는 것이었다. 다른 하나는 식사와 만성질환의 관계를 증명하는 연구들이 증가함에 따라 영양 교육의 목표를 건강 증진뿐만 아니라 만성질환을 감소시키는 데에 두는 것이었다. 후자의 경우는 먼저 올바른 식생활을 영위하는 데 필요한 능력, 인식, 행동적 기술을 얻는 과정을 거쳐 식습관에 관련된 특정 행동(지방이나 소금을 적게 섭취하고 섬유질을 많이 섭취하는)의 변화나 행동

목표를 달성해 가는 것이었다. 이렇게 행동에 기초한 교육이 목표한 효과를 얻기 위해서는 건강 교육과 사회 심리학, 행동과학 영역과 다른 건강 영역에서 식습관 영역에 유용한 전략들을 적용하게 되었다.

## 나. 영양 교육 연구 동향

우리나라 학교 영양 교육에 관한 연구는 실과, 가정과의 식생활 교육 내용에 관련된 일부 연구물을 제외하고는 찾아보기 어렵다. 학교 영양 교육 과정에 대한 연구로 '영양 교육 과정 개발안 연구'가 있었고, 학교 급식과 관련된 영양 교육 실태 조사나 영양 교육의 효과에 대한 연구가 간헐적으로 이루어져 왔을 뿐이다. 교육의 수요자들이 갈수록 식생활의 중요성을 인식하고 이에 대한 학습 요구도는 높아지고 있는 현실을 감안할 때 영양 교육 내용의 개선을 위한 본격적인 연구가 절실히 필요한 시점이라 하겠다.

1995년 미국에서 대규모 연구자가 공동으로 참여하여 그때까지의 영양 교육 프로그램들을 조사하고 이전에 연구된 영양 교육의 방법과 효과 등을 평가하는 아주 특별한 연구가 이루어졌다. 전 연령층을 대상으로 하는 영양 교육에 대한 연구 방향과 효과적인 교육 방법론에 대하여 전반적으로 설명하고 특히 학생들을 위한 영양 교육에 대해 집중 연구되었다. 영양 교육 프로그램들에 관한 조사는 일반인들을 위한 영양 교육의 효과와 프로그램의 성공 요소, 영양 교육 프로그램 설계의 실행, 정책과 연구들에 대하여 암시하는 바를 고찰하는 것에 초점을 두었고, 1980년대 이후에 실시된 연구와 교육 프로그램들을 대상으로 미취학 아동, 취학 아동, 성인, 임산부, 노인들에게 사용된 전략의 유용성을 검토하였다. 연구 결과를 요약하면 다음과 같다.

Whitehead(1973), Johnson과 Johnson(1985)은 두 차례에 걸쳐 영양 교육에 관한 연구 동향을 고찰하였는데, 대부분의 연구가 영양 교육 중재를 이론적으로 해석하기보다는 지식, 태도, 식습관에 관해 다루었다는 연구 결과를 보고하였다.

Whitehead는 70년 동안 발표된 연구 논문을 분석하여, 영양 교육의 목표가 식습관을 개선시키기보다는 영양 정보를 보급하는 데 집중되었음으로 발견하고, 그러한 접근 방법은 지식을 향상시키는 데는 효과적이지만 식습관을 변화시키는 데에는 효과적이지 않았으며, 특별히 행동의 변화를 목적으로 적합한 교육 전략을 사용한 연구만이 행동의 변화를 가져올 수 있다는 점을 지적하였다.

Johnson과 Johnson은 가장 일반적으로 측정하는 변수인 지식과 태도, 행동에 대한 303개의 연구물을 메타 분석한 결과, 영양 교육에 관한 연구는 전체적으로 33%가 지식, 14%가 태도, 19%가 행동과 관련된 것이라는 연구 동향을 보고하였다. 이 연구에서 이론적 모델을 적용하지 않은 평가에서는 변화를 일으키는 요인들을 설명할 수 없었고, 영양 교육을 개선시킬 수 있는 요인은 교육 연구와 행동 연구 영역에서 가능함을 제시하였다.

Gillespie와 Brun은 25년간의 영양 교육과 연구 내용을 고찰하여 좀 더 현실적인 교육의 목표와 철저한 연구 계획, 효과 측정과 함께 영양 교육 이론의 적용을 주장하였다. Gillespie는 학교 영양 교육 프로그램 연구를 위해서 이론적인 구조를 개발하였으며, 학생들의 영양 지식과 태도, 행동에 직접적인 영향을 주는 가정과 학교를 2가지 환경으로 정의하였다.

Contento(1995)는 영양 교육이 특정 행동이나 좀 더 일반적인 영양 개념, 기술에 요구되는 인식의, 정서의, 행동의 기술을 제공하는 데 초점을 두어야 하는지에 관해서는 논란의 여지가 있다고 하였다. 그러나 사실상 모든 프로그램은 "아이들의 식습관 개선"이라는 목표에 동의하고 지식과 태도 변화도 평가하지만 행동의 변화를 효과 평가의 기준으로 삼는다. 행동 변화를 사용할 때 영양 교육의 효과 평가에 영향을 주는 요소들을 중요도 순으로 다음과 같이 나열하였다.

1) 영양 교육은 행동 중심으로 할 때 더 효과적이다.
2) 영양 교육 중재는 표적이 된 행동에 직접적으로 관계하고, 적합한 이론과 연구에 의한 교육 전략을 사용할 때 더 효과적이다.
3) 효과적인 영양 교육을 위해서는 적절한 시간과 강도가 필요하다.
4) 가족의 참여는 어린아이들을 위한 프로그램의 효과를 증진시킨다.
5) 자기 평가와 피드백의 반영은 고학년 아이들에게 효과적이다.
6) 효과적인 영양 교육은 학교 환경에서 이루어질 수 있다.
7) 지역사회의 중재는 학교 영양 교육을 강화할 수 있다.

이 연구 결과에서 **영양 교육의 효과를 높이는 주요한 요소로 '행동 중심의 교육 과정', '가정과 학교의 식환경', '적절한 시간과 강도로 운영'하는 것임을 설명**하고 있다. 따라서 학교 영양 교육의 교육과정은 행동 체계 중심의 목표와 그에 따른 내용 요소로 구성하면 효과적인 영양 교육을 실시할 수 있는 것으로 판단된다.

학교 중심의 영양 교육 프로그램은 식습관에 대한 바람직한 태도를 형성하고 이전의 식행동을 수정하며 영양과 질병 사이의 관계를 가르치는 데 효과적인 것으로 보여 왔다. 최근 영양 교육 연구를 고찰한 결과에 의하면(Contento et. al, 1995) 효과적인 영양 교육 중재를 제공할 때 적절한 시간과 강도는 중요한 요소이며 영양 교육 내용의 분량도 중요하다. 영양에 대한 교육 훈련을 받은 교사는 교육받지 않은 교사보다 영양에 대한 내용을 더 많이 가르치는 것으로 나타났으며,

또 영양 교육 내용의 분량과 관련하여 학년, 과목, 그리고 영양에 관한 내용이 다른 과목과의 통합 여부가 주요한 요소로 작용하고 있다고 지적한다.

일본에서도 최근 건강교육의 추진이 긴급한 과제가 되고 있다. 사회환경 등의 변화로 생활습관병의 징후를 가진 사람이 늘고 있다는 지적과 함께 아동의 건강에 대한 우려가 증대됨에 따라 일생 동안 건강하게 생활할 수 있도록 기초적인 능력과 태도를 배양할 수 있는 영양교육의 필요성에 주목한 것이다. 특히 소학교 아동의 건강 유지·증진을 위해 일반 교과를 비롯하여 특별 활동 등과 연계하는 지도를 포함한 영양 교육의 필요성이 강하게 제기되고 있다. 이 때문에 헤이세이 6년(1994년)부터 여러 형태의 영양 교육 방식에 대한 실천적 조사 연구를 위한 모델 연구 사업을 시행하였다. 그 연구 결과를 보급하기 위하여 헤이세이 9년(1997년)도부터 11년(1999)까지 3년간 7개 지역을 지정하여 영양 교육의 충실을 꾀하는 『영양 교육 추진 모델 사업』을 실시하고 있다. 또한 헤이세이 8년(1996년)부터는 영양 교육의 체계적인 지도 방법을 확립하기 위해 『영양 교육 커리큘럼 개발을 위한 조사 연구』에 들어갔다. 그 이후 일본 문부과학성에서는 신체적 건강, 정신적 발달, 사회성의 함양, 자기 관리 능력의 육성이라는 식생활 지도 목표를 설정하고 기본적인 지도 내용을 저, 중, 고학년의 세 영역으로 구분하여 구체화하고 있다. 이에 따라 영양 교육을 학교 교육 활동 전반에 걸친 각 교과와 연계하고 학교 급식 시간과 학급 활동을 서로 관련하여 지도하는 종·횡으로 연계되는 교육 내용 체계를 제시하고 있다(文部科學省, 平成 12年).

이와 같이 선진국에서는 영양 교육 환경 변화에 초점을 맞추어 식생활과 관련된 교육 내용과 효과적인 교육 방법을 구체적으로 연구하는 경향을 보이고 있으며 그 연구 결과들을 이미 실행하는 단계에 있

다. 우리나라도 만성질환의 발생률이 높아지고 있어 사회 경제적 부담
이 증가되고 있는 실정이다. 식생활 변화와 질병 양상이 급속히 변화
되고 있는 환경에 대응하기 위해서 구체적인 영양 교육 목표 설정과
효과적인 접근 방법 마련이 시급하다.


## 2. 영양 교육 연구 이론


　영양 교육 연구에는 고유한 이론과 평가 체계가 없고 다른 분야의
이론을 변용하고 있다. 최근에는 영양 교육 연구에서 이론 정립 또는
모델 이론에 대한 요구와 관심이 높아지고 있는데, 영양 교육의 이론
을 정립하기 위해서는 가설 검증 연구보다는 이론 정립에 더 많은 노
력을 기울여야 할 것이다.

　사람의 식행동은 다양한 요인의 영향을 받는데, 특히 사회 심리적
요인의 역할이 관심의 대상이 되고 있다. 영양 교육 연구에 많이 이용
되는 이론에는 일반적으로 지식·태도·행동 이론과 최근 식행동 연
구에서 중요하게 대두되어 사회 과학에서 많이 사용하는 사회인지 이
론(Social Cognitive Theory), 합리적 행동 이론(Theory of Reasoned
Action), 계획적 행동 이론(Theory of Planned Behavior), 그리고 건강
신념 이론(Health Belief Model) 등이 있다. 그러나 올바른 식습관을
유도하는 행동 수정이 이루어지기까지에는 사회적, 심리적, 문화적, 경
제적 요인이 상호 작용하여 영향을 미치기 때문에 다양한 이론을 접
목시킨 적용 모형이 식습관 연구에 보다 더 적합하다.

## 가. 지식, 태도, 행동 이론

지식·태도·행동 이론(knowledge-attitude-behavior: KAB)은 지식이 태도의 변화를 일으키고 태도가 행동을 변화시킨다는 이론이다. 영양에 관한 지식이 늘어나면 식태도가 긍정적으로 변하고 식행동이 바람직한 방향으로 변화된다고 설명하는바 이 이론은 지금까지 식행동 연구에 주로 사용되어 왔다. 초기의 많은 연구들이 사람들은 새로운 정보를 접하게 되면 그것에 집중하여 새로운 지식을 얻고 이 지식은 태도와 식행동으로 이어져 식습관에 변화를 가져올 것이라는 가정 하에 정보를 제공하였다. 그리고 그에 따라 실제로 영양 지식을 위주로 한 교육이 실시되었다.

그러나 영양 지식은 행동 변화를 위해 필요한 요소이지만 이로 인해 식행동이 변화되는 것은 아니다. 식행동은 그 자체가 단순하지 않고 영향을 미치는 요인이 다양하기 때문이다.

일반적인 영양 교육 프로그램은 영양 정보의 보급이나 지식 - 태도 - 행동(KAB) 모델에 기초한 것으로 보인다. 그러나 1980년 이후로 행해진 연구들의 절반 정도가 중재에서 사용된 이론적 구조를 분명하게 설명하지 못하고 있다. KAB모델을 이용한 여러 연구에서는 지식을 증가시키는 일반 영양 교육은 행동의 변화를 가져오는 데 크게 효과적이지 못하였다.

KAB모델을 기초로 한 많은 영양 교육의 중재들은 대부분 방법이나 기능의 정보를 강조하였다. 주제로는 식품군, 균형식, 라벨 읽기, 고지방 고섬유 식품, 식품 구매와 조리 기술, 식품 예산 작성, 영양소의 식품 급원 등을 다루었다. 이러한 지식은 건강한 식생활을 하려는 사람들에게는 필요하지만 그렇지 않은 사람에게는 단지 "정보"일 뿐이다. 행동의 변화를 촉진하기 위한 효과적인 영양 교육에는 도구적 지식과 방법적 지식이 모두 필요하다. 최신의 연구들은 두 종류의 정보를 함께 제공한다.

## 나. 사회인지 이론(social cognitive theory)

사회인지 이론은 행동 중심의 연구에서 중재를 위한 개념적 구조로 가장 자주 인용되는 이론으로 개인의 행동은 개인, 환경, 행동의 상호 작용에 의해 결정된다는 것이다. 대부분의 연구에서 Bandura의 설명이나 사회인지 이론이 사용되었는데 인지 과정이 행동에 중요한 영향을 주는 것으로 설명하고 있으며 동기와 가치가 인지 과정의 부분에 속한다.

사회인지 이론은 기대 가치(expectancy-value), 의사 결정(decision-making), 문제 해결(problem-solving)과 같은 사회 심리학적 이론과 연결된다. 사회 학습 이론(social learning theory: SLT)에 근거한 젊은이들을 위한 영양 교육 중재는 건강에 대한 지식, 가치, 자기 효능과 같은 개인적 요소 그리고 행동 기술, 행동 의지와 같은 행동적 요소, 부모의 영향과 지원, 문화적 규범과 기대, 기회와 장벽, 친구와 어른의 역할 모델과 같은 환경적 요소를 다룬다.

행동 기반의 교과과정은 학습의 세 영역(인지, 정서, 행동)을 모두 사용하지만 특별히 행동 의지와 행동의 변화를 중점적으로 다룬다. 인지하여 이해하는 것은 식행동에 있어서 변화를 쉽게 하도록 제공되지만 "왜(why)"를 설명하는 과학적 이유를 강조하는 것이 아니라 어떻게 결정을 하고 어떻게 건강한 식품을 선택하는지를 설명하는 "방법(how)"에 강조를 둔다. 정서적 요소는 신념, 태도와 가치뿐만 아니라 식행동과 관련해서 정서적인 상태도 포함한다. 행동 요소는 인지, 정서, 행동의 기술을 만드는 데 초점을 둔다(예를 들면 여러 대안 가운데 저지방 식품을 규명하는 법, 고지방 식품을 먹도록 하는 친구들의 압력에 저항하는 법, 건강한 간식을 준비하는 법 등).

대부분의 행동 기반 교과과정은 중재 전략을 계획하기 위해 사회학습 이론(social learning theory)이나 사회인지 이론(social cognitive theory)을 사용하며 프로그램은 (1) 신념, 가치, 자기 효능 그리고 식품의 정서적 의미와 같은 개인적 요소, (2) 부모와 동료의 영향, 문화규범, 기대, 기회 그리고 장애, 역할 모델과 같은 환경 요소, (3) 식행동의 문제를 규명하기 위해서 학생들 자신이 먹은 것을 감시하고 목표를 설정하고 목표에 접근하는 과정을 모니터하며, 필요한 경우에 조정도 하고 목표에 도달하기 위한 자기 강화 등의 행동 변화 과정(behavioral change process)을 다룰 수 있도록 활동을 계획한다.

즉 행동 기반의 영양 교육 프로그램은 사회인지 이론에 기초하여 특정 행동을 표적으로 설정하고, 자기 평가, 의사 결정, 행동 변화 전략을 포함하며, 이와 관련된 이론은 행동 변화 효과가 더 큰 것 같다. 행동 능력 또는 행동 기술은 행동, 행동 의지를 행하는 데 필요하고 자기 효능은 결과 측정에 자주 사용된다(Contento et. al, 1995).

사회인지 이론에서 행동과 개인 요소, 환경 요소는 행동의 변화를 설명하고 예상하기 위해서 상호 작용한다. Bandura는 이것을 "상호보완적 결정"이라고 하였고 이것은 세 요소의 상호 작용으로 하나에 변화가 일어나면 다른 것에도 변화가 일어날 것을 의미한다. 가족의 지원과 같은 환경적 요소는 기회를 창출하고 장벽을 경험하게 하고 기술을 가르치고 행동 변화를 위하여 강화하는 역할을 제공한다. 자기 효능과 결과 기대와 같은 개인적 요소는 행동에 직접적인 영향을 주고 그 행동을 지원하는 친구와의 새로운 만남과 같은 메커니즘을 통하여 환경에 직접적으로 영향을 준다.

## 다. 합리적 행동 이론(theory of reasoned action)

Glanz 등에 의해 개발된 이론으로, 건강과 관련된 행동들은 대부분 의지의 통제를 받고 있고, 인간은 합리적이며 자신이 이용할 수 있는 정보를 체계적으로 사용한다는 이론을 토대로 하고 있다. 이에 따르면 인간은 건강을 증진시키는 행동에는 적극 참여하고 건강을 해치는 행동은 하지 않으려는 의도를 스스로 개발한다고 한다. 행동에 대한 강한 의지가 있을 때 그 행동을 실천할 가능성이 매우 높다고 보기 때문에 행동 의도는 그 행동에 대한 태도와 주관적 규범에 의해 영향을 받으며 행동에 대한 태도는 그러한 행동을 결정하는 직접적인 요인이 된다고 본다. 그 이외의 행동에 영향을 주는 다른 요인들은 행동 의도를 통해 전달된다는 이론이다.

즉 행동 의지가 강할수록 그 행동을 실천할 가능성도 매우 높다고 예측할 수 있다는 것이다. 그러나 의지는 다른 요소에 의해서 쉽게 변할 수 있기 때문에 아이들의 의지가 언제나 행동으로 옮겨가는 것은 아니다. 한편 이 이론은 부정적인 인식뿐 아니라 긍정적인 인식의 중요성, 행동 동기를 부여한 결과, 사회 규범의 역할, 사회적 압력을 따르려는 아이들의 의지를 강조한다. 인지 발달은 아이들이 영양 교육에서 인지적으로 무엇을 배울 수 있는지를 포함하여 아이들이 배울 수 있는 것에 대해 중요한 영향을 준다. 저학년에서 아이들은 분류하고 주의 깊게 생각하는 법을 배우기 시작하지만 추리하는 능력은 구체적인 사물과 특정 경험에 제한된다. 식품에 대한 경험도 식행동에 중요한 영향을 준다. 아이들이 영양 식품을 선택할 수 있는 능력을 가지고 태어나지는 않는다. 반복되는 식품의 관능적 성격과 소화 후의 생리적 결과, 사회적 의미의 연상 등이 종합적으로 작용하여 식품 기호와 수용 패턴이 형성된다. 식품의 감각 반응 효과(sensory affective response)는 식행동을 결정하는 중요한 인자이며, 경험에 의해서 형성될 수 있다. 따라서 식품에 대한 아이들의 경험이 상당히 중요한 의미를 갖는다.

## 라. 계획적 행동 이론(theory of planned action)

합리적 행동 이론에서 확대된 것으로 의지의 완전한 통제 하에 있지 않은 행동을 위한 이론이며, 합리적 행동 이론에서의 두 가지 요소인 행동에 대한 태도, 주관적 규범 이외에 인지된 행동 통제력이 첨가되었다. 인지된 통제력은 특정 행동을 수행하는 데 필요한 자원과 기회에 대한 통제 신념에 기초를 두고 있다. 인지된 통제력이 행동 의도에 영향을 미칠 뿐만 아니라 행동에 직접적으로 영향을 미칠 수 있다는 이론이다.

기대나 행동을 취함으로써 예상되는 결과들과 개인적인 가치관이 종합되어 "태도"를 형성한다. 태도와 사회적 규범이나 그룹의 압력이 의지에 영향을 주고 이것이 결과적으로 행동을 만든다. 즉 이 이론은 건강신념 이론보다 더 사회적 규범(동료들의 압력 같은)과 행동을 유발하는 데 있어서 부정적인 결과뿐만 아니라 긍정적인 결과를 중요하게 여긴다. 이 모델이 영양 교육에서 영향을 주는 요인들을 밝히기 위해서는 관찰이나 면담과 같은 양적 · 질적 방법을 통해서 신념, 자각, 예상 결과 그리고 가치관의 실제적인 내용이 조사되어야 한다.

합리적 행동 이론과 계획된 행동 이론에서는 기대나 행동을 취합하여 예상되는 결과들과 개인적인 가치관이 종합되어 "태도"를 형성한다. 태도와 사회적 규범이나 그룹의 압력이 의지에 영향을 주고 이것이 결과적으로 행동을 만든다. 즉 건강신념 이론보다는 더 일반적이고

동료들의 압박 같은 사회적 규범과 행동을 유발하는 데 있어서 위협
을 느끼는 경우의 부정적인 결과뿐 아니라 긍정적인 결과를 중요하게
여긴다.

## 마. 건강신념이론(health belief model)

이 모델은 예방 차원에서 건강 행동을 하는 이유를 설명하고자 하
는 모형으로 건강 전문가들이 많이 이용해 온 이론이다. 인간이 아무
증상이 없는 상태에서 건강 행위를 취하려면 몇 가지 신념이 있어야
한다고 지적하고 있다. 건강 신념 모델 요소는 지각된 민감성, 지각된
심각성, 지각된 편익, 지각된 장애 요인, 자기 확신이다. 이 이론은 특
정 행동의 예측, 설명 및 영향을 미치는 요인 분석을 목적으로 만들어
졌는데 건강과 안녕 자체보다는 개개인의 사회에 대한 인지도와 이
인지도가 어떻게 건강 행동을 유발하는가(동기)를 중요하게 다루고 있
다. 즉 동기와 인지 요인(질병에 대한 민감성과 심각성)만이 주요 요
인으로 작용한다. 건강 행동을 유발하는 주요 변수는 위험에 대한 민
감성, 위험에 대한 심각성(질병으로 인한 고통, 불쾌감, 결근, 경제적
손해 등에 대한 인지 정도), 이득 및 투자비용과 건강 동기(질병에 대
한 거부감 등)이다.

인식하는 위협이 동기를 부여하는 요인이고 자각한 신념이 행동으
로 이끈다는 점을 강조한다. 즉, 자신들의 건강이 위협 받는다는 것을
인식한 사람들, 그 위협을 감소시키기 위해 권유받은 일련의 행동이
그럴듯하고 효과적이라고 인식한 사람들, 그들이 권유받은 행동을 성
공적으로 수행할 능력이 있다고 믿는 사람들이 질병이나 건강 상태를
회복하기 위해 좀더 자발적으로 행동하는 것을 의미한다.

많은 연구자들이 건강한 행동의 변화, 특히 식습관의 변화를 더 잘 이해하고 용이하게 하기 위해서 몇 가지의 이론과 모델을 통합했다. 이러한 통합에는 건강신념 이론과 합리적 행동 이론과 같은 다양한 사회 심리학적 이론과 SLT의 결합; 사회 심리학적 이론과 변화 구조의 단계; 개인과 지역사회의 견해로부터 상호 보완의 결정론과 변화 구조의 단계; 개인과 지역사회의 수준에서 변화의 단계와 혁신의 확산이 있다. 통합된 모델들은 식습관 변화의 복잡성, 개인적·행동적·환경적인 많은 변수 사이의 역동적인 상호 작용, 변화 과정의 단계의 성격, 적합한 이론에 근거하여 영양 교육 중재를 계획하는 시스템 계획 과정의 중요성을 지적한다.

다양한 이론들을 기초로 한 영양 교육 중재는 영양 행동의 개선을 위하여 가장 효과적이며 과학적인 방법이라고 하였다. 영양 교육 중재에 자주 사용되는 효과적인 이론은 사회인지 이론과 지식, 태도, 행동 이론으로 보인다. 본 논문에서는 여러 이론을 적용하여 학교 영양 교육에 적용할 수 있는 구조를 제시하고자 시도하였다.

## 3. 영양 교육의 목표와 효과

미국의 대표적인 영양 프로그램은 WIC(Special Supplemental Food and Program for Women, Infants and Children)와 NET(Nutrition Education and Training)를 들 수 있다. WIC는 미국 농림부의 주요 프로그램이다.

WIC 프로그램의 영양 목표는 적합한 영양과 건강의 관계를 강조하고 영양 면에서 위험한 사람들이 식습관을 긍정적으로 변화하여 영양

상태를 개선하도록 돕는 것이다. 즉 보충 식품과 영양가 있는 식품의 사용으로 영양 관련 문제를 개선하고 예방하는 것이다. 식품 공급과 영양 공급을 포함한 WIC와 같은 포괄적인 프로그램에서 임신청소년을 대상으로 한 한 연구는, 영양 교육이 태도와 정서를 목표로 하면 식사의 질을 개선할 수 있으나 인지와 지식을 목표로 할 경우에는 식 행동 변화를 가져오는 효과가 극히 적었다고 설명하였다.

NET Program State Plan lists는 지식을 증가시키고 태도를 바꾸고 식습관을 개선함으로써 학생들의 건강을 증진시키는 것을 목표로 한다. 이들 목표에는 2000년까지 학생들과 부모에게 영양 교육을 제공하는 학교를 75%까지 증가시키고, 미국의 식생활 지침에 따른 메뉴를 제공하는 학교의 점심과 아침 급식을 90%까지 확대시키는 것이다.

학교 영양 교육의 효과가 극대화되려면 영양 교육 프로그램의 구성 즉 교사 교육, 적절한 교육 전략, 부모의 개입, 행정적 지원, 사회 문화적 요소 간의 상호작용이 체계적으로 연구되어야 한다고 지적하였다. 한편 학교 영양 교육 프로그램은 영양 교육의 목표를 이루기 위해 아이들이 식품 영양에 관한 광범위한 주제를 이해하고, 그들이 식품군을 이용하여 건강에 좋은 식품을 선택하기 위한 지식과 기능·태도가 증진되도록 해야 하며, 그 지식과 태도를 기반으로 식습관의 변화라는 최종 목표를 이룰 수 있다고 하였다. 한편 식사와 만성질환의 관계에서 영양 교육의 목표는 건강을 증진시키면서 동시에 만성질환을 감소시키는 것이다.

영양 교육의 중요한 목표는 사람들이 영양 지식을 효과적으로 적용하고 최상의 영양 상태를 이루도록 식습관 변화를 돕는 것이다. 영양 교육의 최종 목표가 영양가 있는 식품을 선택하도록 하는 것이기 때문에 긍정적인 행동의 변화를 일으키게 하는 영양 교육 중재가 필수적이다. 그리고 비만 치료를 목표로 하는 영양 교육에서는 좋은 정신과 육체적 건강이 양립하는 체구성을 이루도록 개인이 식행동을 실행하고 유지할 수 있는 능력을 최대화해야 한다. 종합하면 영양 교육의 궁극적인 목표는 식행동의 변화이며, 그 목표를 달성하기 위해 교육 중재 전략의 중요성과 효과에 대하여 설명하는 것이다.

한편 우리나라 급식 학교에서 영양 교육이 미치는 영향에 관한 연구에서는 식생활 태도와 식습관은 의미 있는 상관관계를 보여준 반면, 영양 지식과 식생활 태도 및 식습관은 의미 있는 상관관계를 보이지 않았다. 이는 영양 지식보다는 식생활 태도의 변화가 식습관을 결정하는 데 큰 영향을 미치는 결과라 하였다. 또 영양 지식과 식생활 태도 및 식습관의 상관관계를 조사한 연구에서도 일반적으로 식생활 태도와 식습관 사이에는 상관관계가 약하며, 영양 지식과 식습관 사이에는 상관관계가 없다는 견해를 제시하고도 있다. 이후 조사에서도 식생활 태도와 식습관의 상관관계만이 나타났는데, 성인을 대상으로 한 영양 교육의 효과를 평가한 연구에서도 교육받은 집단에서 식생활 태도와 식습관 사이에 상관관계가 있다는 견해를 보였다고 하여 유사한 결과를 제시하였다. 그러나 영양 지식과 식생활 태도 사이에는 유의한 상관관계가 있으나, 식생활 태도와 식습관 사이에는 약한 상관관계가 있을 뿐이라고 하였다.

1995년 실시된 영양 교육에 관한 대규모 연구에서 행동 변화가 목표로 설정되고 사용된 교육적 전략이 목적에 맞게 고안되면 영양 교육이 식습관을 개선시키는 데 효과가 있다고 다음과 같이 결론지었다.

행동 중심의 중재는 학동기 어린이들을 대상으로 한 연구에서 일반적인 영양 교육 중재가 어느 정도의 행동 변화를 일으켰고 일부 특정한 중재에서는 확실한 행동의 변화를 보였다. 대부분의 영양 교육이 식습관 개선을 목적으로 하기보다는 영양 정보의 보급을 목적으로 이루어지고 있는데, 이는 지식, 태도, 행동을 개선하는 데 효과적이라고 하였다. 행동 중심의 설계는 적합한 이론과 이전의 연구에 기초하는 것이 좀더 효과적이고, 행동 중심의 영양 교육에는 건강하게 하는 식품과 영양 관련 행동의 자발적인 적응을 촉진하기 위하여 일련의 학습 경험을 사용한다. 어떠한 행동을 다루는지는 국가의 영양·건강 목표와 과학 기초의 연구 결과뿐만 아니라 표적 집단의 필요, 인지, 동기, 그리고 희망에 따라 결정된다. 행동은 식습관의 환경적 요소에 관련된 것이며 효과적인 프로그램은 개인, 사회, 환경적 변화의 이론적 모델을 보통 결합하여 사용한 것이다.

행동 변화 전략으로 체계적인 행동 변화 과정을 사용하는 것은 행동의 변화를 일으키는 데 가장 효과적일 수 있으며, 유치원과 저학년 아이들의 식품 선호도는 식품 섭취의 주된 결정 인자이다. 선호하는 식품의 변화는 새로운 식품 경험 등과 몇 가지 이론이 결합된 이론으로 중재하였을 때 행동 변화가 가장 쉽게 일어났다. 이러한 중재는 개인적 요인, 행동 능력, 그리고 환경적 요인과 같이 행동을 일으키는 심리적인 요인을 목표로 한다.

피아제(Jean Piaget)의 인지 발달론에 의하면 아직 인지구조가 구체적 조작 단계(concret operational stage)에 머물고 있는 초등학생들의 경우 실천적 학습을 통해 행동의 변화를 가져오게 할 수 있다고 한다. 그것은 이 무렵에 아동들은 사물을 판단할 때 자기중심성(egocentrism)을 극복하며, 활동 범위도 가정에서 학교, 이웃으로까지 확대되어 자신의 사회적 역할을 인식하는 단계이기 때문이다. 청소년들은 아동기에 비해 학습량과 지식이 높아지고 경험의 세계도 확대된다. 그것은 다른 사람들과의 교류를 통해 사회적으로 관련이 있는 행동과 경험을 형성해 나가는 개인 발달의 전반적 과정이라고 할 수 있다. 따라서 초등학교에서는 실천적 학습을 통해 영양 행동의 변화를 유도하고 중·고등학교에서는 영양 지식과 학습량을 높이는 교육 체계로 구성하는 것이 바람직하겠다.

영양 교육은 적정한 영양과 좋은 건강의 관계를 강조하고 식습관을 긍정적으로 변화하여 영양 상태를 개선하도록 돕는 것을 목표로 하고 있다.

영양 교육은 궁극적으로 식행동의 변화를 목표로 하기 때문에 교육 중재의 전략은 행동 변화에 중심을 두는 것이 중요하다. 그것은 영양 지식보다는 식생활 태도의 변화가 식습관을 결정하는 데 큰 영향을 미치고 태도의 변화는 행동 변화에 큰 영향을 미치기 때문이다.

행동 중심의 영양 교육은 적합한 이론과 이전의 연구에 기초하는 것이 효과적이며, 식품과 영양 관련 행동의 자발적인 적응을 촉진하기 위한 일련의 학습 경험이 중요하다. 행동은 식습관의 환경적 요소에 관련되며 효과적인 영양 교육은 개인적 요인, 행동 능력, 그리고 환경 적 요인과 같이 행동을 변화시키는 심리적인 요인을 목표로 체계적으 로 이루어지는 것이 효과적이라는 것을 알 수 있다.


## 4. 학교 영양 교육 내용 구성을 위한 이론적 구조

학교 영양 교육의 목표와 내용에 관하여 영양 교육에 일반적으로 적용하는 지식, 태도, 행동 이론과 교육목표 분류 이론인 지식, 기능, 태도를 기준으로 분석한 결과, 한국의 영양 교육은 정규 과정인 실과, 기술·가정 과목에 포함된 식생활 내용이 주 분포를 이루고 있으며, 체육 등의 과목에서 간헐적으로 다루는 데 그치고 있다. 교육의 목표 는 가정 계열의 대목표에 포함되어 있으며 영양 교육 내용은 하위 목표 형태로 단원 목표나 학습 목표에 따라 단편적으로 구성되어 있다. 대목표, 하위 목표, 단원별 학습 목표는 단계별로 구성되지 않았으며 현 교육과정의 목표 체계는 지식 태도, 기능, 기능 행동, 지식 태도 영역이 혼합되어 분류하기 어려웠다. 관계 이론 적용은 하지 않은 것으로 보인다.

학교 급식과 영양 교육이 연계되지 않은 채 교육 과정과 학교 급식은 별도의 구조를 가지고 있어 통합된 교육과정과 학교급식의 연계된 교육 체계가 요구되었다.

일본의 경우는 영양 교육이 각 교과와 통합된 내용으로 이루어지고 학교 급식과도 연계한 체계를 이루고 있었다. 각 교과에서의 지도 목표는 식생활 관리 중심의 목표 체계를 갖고 있어 실천 행동을 목표로 하고 있으며 식생활 습관병 예방을 목적으로 하는 체계로 운영하고 있다.

미국의 경우는 K-12 국가 표준 교육과정에 통합하여 운영하고 있다. 목표와 목적은 발달 단계별로 다른 주제를 설정하고 있으며, 각 주제에 대해 지식, 태도, 행동 체계로 운영하고 있다.

21세기에는 식생활과 관련된 만성질환을 예방이 중요한 문제로 대두되고 있다. 그것은 식생활 교육의 필요성을 강하게 요구하는 현상으로 영양 교육의 목표와 내용을 설정하는 지표가 될 수 있다. 따라서 적극적인 영양 교육 체계를 구성하기 위하여 다음과 같이 학교 영양 교육의 목표와 내용을 구성하였다.

## 가. 학교 영양 교육 내용 구조

영양 교육은 '대중이 식생활에서 영양학과 식생활의 건강 관련 지식을 활용하고, 식품 선택에 영향을 미치는 다중 요인을 고려하여 영양적으로 건전한 식품을 선택하며, 선택의 의사 결정을 향상시킬 수 있도록 적절한 교육 방법을 도입하여 지원해 주는 과정'(Gillespie & Shafer, 1990)으로 정의하고 있다. 의사 결정은 영양 지식과 태도에 따라 달라지며 지식과 태도는 바람직한 영양 행동으로 유도될 수 있는 기초가 된다. 그러나 영양 지식은 행동 변화를 위해 필요한 요소이지만 반드시 상관관계에 있다고 볼 수 없다. 식행동 그 자체가 단순하지 않고 식행동에 영향을 미치는 요인이 다양하기 때문이다.

영양 교육의 모델과 효과적인 영양 교육 과정을 구성하기 위해서는 식행동 자체만이 아니라 행동이 일어나는 주위 환경이나 행동 수정 후의 결과도 고려되어야 한다. 즉 행동뿐 아니라 행동 전의 상황·사건, 행동 후의 결과도 같이 고려되어야 하며 이러한 행동의 연계성까지 포함되어야 하는 것이다.

행동 변화를 촉진하기 위한 방법은 사회 학습과 관련이 있다. 따라서 사회과학에서 적용하고 있는 사회 인식 이론, 합리적 행동 이론, 계획적 행동 이론, 건강신념 이론을 적용하여 행동 변화 중심 교육 체계로 구성하고자 하였다. 건강한 생활을 하기 위해 식품 영양 교육에 많은 사람이 자발적으로 참여하도록 촉진하는 것은 첫째, 표적이 된 행동의 원리를 이해하는 것, 둘째, 표적이 된 행동에 대한 현저하고 인식력 있으며 행동적인 영향을 정의하는 것, 셋째, 이들 영향을 보완하고 행동 실천 강화를 위해서 효과적인 전략을 계획하고 실행하는 데에 달려 있다. 이미 동기 부여가 된 사람에게 행동 변화를 일으키도록 하려면 사회 학습 이론이 필요하므로 영양 문제의 능동적인 행동 변화를 위하여 이 이론을 기본 이론으로 적용하였다.

영양 교육의 궁극적인 목적은 교육적인 방법을 통해 올바른 식습관을 유도하여 건강한 삶을 이루는 것이다. 이에 따라 대부분의 영양 교육은 대상자들의 식생활 행동 변화를 그 목표로 하고 있으며 효과적인 행동 수정은 영양 교육 분야의 주요 관심 연구 대상이 되어왔다.

최근 식행동 연구에 활발하게 적용되고 있는 이론적 근거로 행동 변화 단계 모형(stages of change model)이 있다(Prochaska, 1983: Sigman, 1996). 행동 변화 단계 모형에서 행동 수정은 일련의 과정인 지각 이전(pre-contemplation), 자각(contemplation), 준비(preparation), 실시(action), 유지(maintenance) 단계를 거쳐 일어난다고 본다. 행동 변화는 현재의 단계에서 이전 단계 또는 처음 단계로 되돌아가기도 하여 다시 단계의 이동을 반복하기도 하기 때문에 행동 변화 단계 모형에서 순차적으로 단계를 진행시키기란 그리 쉽지 않다. 행동 수정이 효과적으로 이루어지기 위해서는 대상자가 현재 어느 행동 변화 단계에 해당하는지를 파악하여 다음 단계로의 이동을 돕고 단계의 퇴보가 일어나지 않도록 하는 것이 중요하다.

Gillispie(1981)는 학교 영양 교육 프로그램의 연구를 위해서 이론적인 구조를 개발하였으며 학생들의 영양 지식과 태도, 행동에 직접 영향을 주는 두 가지 환경으로 가정과 학교를 정의하였다. 그 모델에 의하면 학교 안에 포함되는 중요한 시스템은 교사, 행정부, 급식부이다.

미국의 한 연구에서는 영양 교육 계획을 할 때 가장 큰 영향력을 미치는 요소가 교사인 것으로 나타났다. 영양의 주제와 활동을 선택하는 데 그들 자신이 자유롭게 판단하였고, 특정 음식에 대한 교사들의 행동이 학생들의 식품 선택에 영향을 줄 수 있다고 제시하였다. 그러므로 교사는 교실에서 학생들의 영양 경험에 직접적인 영향을 미치게 되고 학교의 점심시간은 간접적인 영향을 줄 수 있다(Norton et. al, 1997).

문헌을 통하여 본 영양 교육 적용 이론에 따른 학교 영양 교육의 내용 구조는 <표 Ⅱ-1>과 같이 정리하였으며, 이 구조에 행동 변화 단계 모형을 적용하여 행동 단계에 따른 행동 변화 전략을 구사할 수 있다.

이 구조는 Pamela(2000), Sigma-Grant(1996), Contento(1995), Gilli-
spie(1981)의 이론을 근거로 구성한 것이다.

행동 기반의 영양 교육 프로그램은 사회인지 이론을 기초로 하여
특정 행동을 자기 평가, 의사 결정, 그리고 행동 변화로 유도하는 전
략을 포함하며 관련된 이론은 행동 변화에 더 효과적이다. 사회인지
이론에 따르면 행동과 개인 요소, 환경 요소의 상호작용으로 행동의
변화가 일어난다. 즉 하나에 변화가 일어나면 다른 것에도 변화가 일
어날 것을 의미한다.

가족의 지원과 같은 환경적 요소는 기회를 창출하고 장애를 경험하
게 하고 기능을 가르치고 행동 변화를 위한 지원을 강화한다. 자기 효
능과 결과 기대와 같은 개인적 요소는 행동에 직접적인 영향을 주고
그 행동을 지원하는 친구와의 새로운 만남과 같은 기전을 통하여 환
경에 직접적으로 영향을 준다.

이 내용 구조에서 지식 내용은 개인 내의 동기와 이해에 따라 인지
영역으로 해석할 수 있다. 기능 활동은 새로운 행동을 수행하는 데 필
요한 인지적·정서적·행동적 기술들 즉 행동 변화의 원인·결과·정
황 분석을 통한 문제 해결 기능으로 해석할 수 있다. 적용 행동은 하
고자 하는 행동을 받아들이는 태도와 그 행동을 받아들이도록 하는
환경에서 행동을 수행하는 데 필요한 기능을 유지할 수 있는 단계로
설명할 수 있다. 적용 행동은 행동 적용 단계와 행동 유지 단계로 구
분되어야 한다고 생각된다. 왜냐하면 영양 행동이 적용으로 그치지 않
고, 행동이 계속 유지되어 장기적으로 습관화되어야 영양 교육의 목표
를 달성할 수 있기 때문이며, 행동이 계속 유지되도록 하는 교육이 적
극적인 교육 체계라 할 수 있기 때문이다.

학교 교육에서는 적용 단계와 행동 단계의 구분이 쉽지 않을 것이다. 그러나 학교급식을 적용 환경으로 도입한다면 학교급식에서 적용 행동(태도)과 행동이 유지되는 효과적인 학습 결과로 나타나게 될 것이다.

이 구조에는 사회인지 이론과 행동 기반 교과과정으로 구성하였다. 학교 영양 교육을 위한 행동 중심의 고유한 모델이 없기 때문에 영양 교육에서 일반적으로 적용하고 있는 지식, 태도, 행동 이론을 첨가하여 연구자가 재구성하였다.

학교 영양 교육의 내용 구조는 행동(behavior: B), 태도(attitude: A), 기능(skill: S), 지식(knowledge: K)으로 구조화하여 행동을 중심으로 한 4단계 체계로 구성하였다. 이 체계를 델파이 조사 설문 내용에 적용하였다.

〈표 Ⅱ-1〉 학교 영양교육 내용 구조

| 행동 기반의 교과과정 학습영역 / 내용 구조 기본모델(SCT) | 내 용 인지적 발달 (생리, 신체) | 전략(중재) 정서적 발달 (심리, 기호) | 환 경 행동적 발달 (사회, 문화, 경제) |
|---|---|---|---|
| 행동 (B) **환경적 요소** 행동을 받아들여 유지시키도록 하는 행동, 환경 | ·행동을 수행하는 데 필요한 의지적 기술 | ·부모동료의 영향, 문화규범, 기대, 기회, 장애, 역할 모델 | ·실천 환경의 장으로 학교급식의 역할(급식 제공 식품 변화) ·부모가 집에서 제공 변화 |
| 태도 (A) **환경적 요소** 하고자 하는 행동을 받아들이고자 하는 태도 환경 | ·표적이 되는 행동을 수행하는 데 필요한 인식적 기술 | ·부모동료의 영향, 문화규범, 기대, 기회, 장애, 역할 모델 | ·적용환경의 장으로 학교급식의 역할(급식제공 식품 변화) ·부모가 집에서 제공 변화 |
| 기능 (S) **행동적 요소** 새로운 행동을 수행하는 데 필요한 인지적, 정적, 행동적 기술들 | ·행동변화의 원인, 결과, 정황이해 분석 | ·자신의 먹은 것 감시, 목표 설정, 목표로의 과정을 모니터 ·필요한 경우에 조정 ·목표에 도달하기 위한 자기 강화 ·행동변화 과정을 다를 수 있도록 활동 계획 | ·문제해결 능력 학습목표 ·실제 식품 섭취하는 방법 'how to' 기술 |
| 지식 (K) **개인적 요소** 새로운 행동을 받아들이고자 하는 개인 내의 동기와 이해 | ·인식적으로 이해 | ·신념, 가치, 자기 효능, 식품의 정서적 의미 | ·인지, 정서, 행동의 기술을 만드는 데 초점을 둔다 ·아이들 스스로 자신의 식이를 평가 |

\* 이 구조는 Koch(2000), Sigma-Grant(1996), Contento(1995), Gillispie(1981) 이론을 근거로 연구자가 구성한 것이다.

## 나. B · A · S · K 용어의 정의

### 1) 영양 교육

영양 교육은 사람이 식생활을 하는 데에 영양학과 식생활의 건강 관련 지식을 활용하고, 식품 선택에 영향을 미치는 여러 요인을 고려하여 영양적으로 건전한 식품을 선택하고, 선택의 의사 결정을 향상시킬 수 있도록 적절한 교육 방법으로 지원해 주는 과정이다.

### 2) 행　동

행동(behavior)은 내적으로 의도한 것을 실제로 나타내는 동적인 과정이며, 객관적으로 실증할 수 있는 현상이다. 영양 교육의 궁극적인 목표는 식행동의 변화를 추구하는 것이므로, 모든 영양 교육 내용은 식습관 개선을 위한 행동과 연계시켜 구성되어야 한다. 영양 교육에서는 올바른 식습관 형성과 건강한 생활 실천을 위한 행동을 강조한다.

### 3) 태　도

태도(attitude)는 어떤 대상에 대하여 판단 · 평가 · 선택하는 과정에 영향을 주는 심리적인 경향성으로서 경험에 의해 조직화되는 것이다. 그 세부 사항은 인지적 요소와 정서적 요소 및 행동적 요소로 구성된다. 영양 교육은 바람직한 영양 행동을 유지 가능한 생활을 하기 위한 균형 잡힌 영양식과 절제된 식생활 습관 행동으로서 올바른 식사 선택에 대한 긍정적인 수용 태도 등을 강조한다.

## 4) 기  능

기능(skill)은 어떤 대상의 성격이나 의미 및 가치 등을 인식하는 과정으로, 이미 알고 있는 것을 활용하는 방법 등 실제 무엇을 할 수 있는 능력을 말한다. 그 주요 부문은 사고력, 정보 수집과 활용, 문제 해결, 의사 결정, 실천 과정의 참여 등이다.

영양과 관련된 문제는 일차적으로 개인의 기능과 태도로 해결할 수 있기 때문에, 먼저 자신의 영양 문제가 무엇인지 분석하여 그 대안을 찾아 일상생활에서 실천해 나갈 수 있도록 하는 것이 기능의 중요한 사항이다. 따라서 영양 교육에서는 영양 현상에 대한 정보 활용과 문제 해결 및 의사 결정 기능을 특히 강조한다.

## 5) 지  식

지식(knowledge)은 영양적으로 건전한 행동을 하는 데에 필요한 영양, 식품, 조리, 식생활 관리, 식문화의 내용을 체계적으로 아는 것이다. 학생이 알아야 할 지식의 기반은 영양학과 식생활의 건강 부문에 둔다.

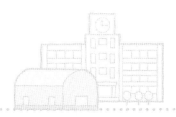

# 제Ⅲ장 학교 영양교육

# 과정 구성 현황

# 1. 우리나라 학교 영양 교육 과정

한국의 학교 영양 교육은 정규교육인 실과, 가정과, 체육과에서 이루어지고 있다. 비정규 교육으로는 학교급식이 교육의 일환으로 운영되고 있는 관계로 학교급식과 연계된 영양 교육이 실시되고 있는데, 학교 영양사들의 특별활동 교육으로 식생활 문화부, 조리 실습부, 식생활 지도부(비만교실), 튼튼이부(편식지도) 등이 미미하게 운영되고 있다. 그 외에도 학교 내 방송교육, 가정통신을 이용한 교육, 급식실천 교육 등 간헐적으로 영양 교육을 실시하고 있다. 우리나라의 영양 교육은 정규 교과 중심으로 이루어지고 있기 때문에 제7차 교육과정을 중심으로 영양 교육 내용을 분석하였다.

## 가. 학교 영양 교육 과정 구성 현황

7차 교육과정은 크게 '국민 공통 기본 교육과정'과 '선택 중심 교육과정'으로 나뉘어져 있다. 필수교과는 축소하고 선택교과는 확대한다는 것이 기본 방향이다. 영양 관련 교과인 실과(기술·가정)는 5~6학년의 실과, 7~10학년의 기술·가정을 포함한 국민 공통 기본 교과로서 6년간 연계를 가지고 남녀 모든 학생이 이수하도록 하고 있다. 실과는 학생의 실천적 경험과 실생활에의 유용성을 중시하는 교과로서 5~6학년에서는 자신의 일상생활과 가정 일에 필요한 기본적인 소양을, 7~10학년에서는 기술·산업과 가정생활에 관한 다양한 경험과 진로 탐색의 기회를 주고, 11~12학년의 심화 선택과목을 선택하는 데 도움을 주는 교과로 정의하고 있다(교육인적자원부, 1997).

국민 공통 기본 교육 과정에서 1학년부터 6학년 과정인 '실과'에서는 개인과 가정, 산업사회의 생활의 이해와 적응에 필요한 지식과 기능을 습득하여 가정생활을 충실하게 하고, 정보화, 세계화 등 미래 사회의 변화에 대처할 수 있는 능력과 태도를 기르는 것을 대목표로 제시하고 있으며, 5학년의 내용은 '(1) 아동의 영양과 식사 단원의 아동의 영양에 관한 기초 지식과 하루에 필요한 식품의 구성, (2) 식품의 합리적인 선택 방법을 알고 이를 매일의 식사에 적용할 수 있다, (3) 간단한 조리에 필요한 기구의 종류와 쓰임새를 알고 이를 다룰 수 있다, (4) 삶고 끓이는 조리 방법을 이용하여 간단한 음식을 만들 수 있다'를 내용 요소로 구성하고 있으며 학습 내용은 '아동의 영양과 식사'라는 단원에 아동의 영양과 식품, 조리 기구 다루기, 간단한 조리하기의 내용 요소를 포함하고 있다(실과, 2002).

6학년의 내용은 '(1) 간단한 음식 만들기 단원에서 식품을 합리적으로 고르고 바르게 다룰 수 있다, (2) 우리가 매일 접하는 밥과 빵을 이용하여 간단한 음식을 만들 수 있다'는 내용 요소로 구성하고 있다. 학습단원에서는 '음식 만들기' 단원 속에 식품 고르기와 다루기 및 밥과 빵을 이용한 음식 만들기를 다루고 있다. 그 내용으로 볶음밥, 김밥, 비빔밥 등 일품요리와 샌드위치, 토스트 등 간단한 빵 이용 식품 등이 학습 내용으로 구성되어 있다(실과, 2002).

7학년부터 10학년 과정의 기술·가정과에서는 실과와 같은 대목표 아래 7학년은 2단원을 식생활 관련 단원으로 구성하고 있는데 하나는 '(1) 청소년기의 건강과 영양, 식사, 기초 식품군과 하루에 필요한 식품의 양 등을 알고 자신의 영양과 식사에 관심을 가지며, 이를 자신의 식생활에 실천적으로 적용할 수 있다, (2) 밥 짓기와 국끓이기, 간단한 반찬 만들기의 기본적인 조리 방법과 특성, 조리 시 식품 성분의 변화 등을 알고 간단한 음식을 만들 수 있다'는 것을 내용 요소로, 다른 하나는 '(1) 가족의 식사 관리 단원에서 식단 작성, 식단에 따른 식품의 선택과 구입 방법 등을 알아 가족의 식단을 작성하고 필요한 식품을 바르게 선택할 수 있다. (2) 식단에 따라 적당한 조리 방법을 적용하여 식사를 준비할 수 있으며, 이를 평가할 수 있다. (3) 식사 예절에 대한 지식을 습득하여 실생활에 적용할 수 있다'는 내용 요소로 구성하고 있다.

7학년의 청소년 영양과 식사 단원 내용으로는 청소년의 영양, 청소년의 식사, 조리의 기초와 실제 등을 학습 내용으로 구성하였고, 8학년에는 단원 내용이 없으며, 9학년에는 가족의 식사 관리 단원에서 식단과 식품의 선택, 식사 준비와 평가, 식사 예절을 내용으로 구성하였다(기술·가정, 2001). 그러나 중학교 식생활 교육 내용 구성의 변화 <표 Ⅲ-3>에서 볼 수 있듯이 식생활 관리 영역에 교육 내용이 전혀 다루어지지 않았다. 이것은 지식, 기능, 태도의 영역은 다루어지고 있으나 실제 영양 행동 즉 지식 기능 태도 단계를 통하여 조화로운 결과로 나타나는 식생활 행동 영역에 대한 교육 내용 요소가 부족하다는 것을 알 수 있다. 식생활에 대한 교육 내용 구성에는 구체적인 목표 체계 설정이 필요하다고 생각된다.

11학년 이후부터는 심화 과정으로서 '가정 과학'을 선택하도록 한 점이 특징이며, 내용 체계는 '가족의 영양과 건강 영역에서 균형 있는 식생활, 생애 주기와 식생활, 질병과 영양을 내용으로 영양에 대한 기초 지식과 올바른 정보를 통해 가족의 균형 잡힌 식사 구성을 할 수 있다, 청소년기, 성인기, 노년기 등 생애 주기에 따른 식생활 관리를 할 수 있다, 질병에 따른 영양 관리에 대하여 이해하고 이를 가족의 식생활에 적용할 수 있도록 한다'로 구성되어 있다.

식품의 선택과 조리 영역에서는 '식품의 선택, 식품의 특성과 조리 내용을 다루어 식품 첨가물, 포장재의 안정성, 환경오염과 식생활 관계 등을 이해하여 식품을 바르게 선택할 수 있다, 식품 성분과 조리와의 관계를 알고 식품 특성에 맞는 조리를 할 수 있다'를 심도 있게 다루고 있으며 '음식 문화와 음식 마련으로 우리나라와 세계 각국의 음식 문화를 이해하고, 한국 음식과 외국 음식을 현대의 식생활에 적용할 수 있다, 식생활 관련 산업과 직업 세계를 이해한다' 등 직업 교육을 연계한 내용으로 구성하고 있다. 영양 내용과 관련된 문제는 실과나 기술ㆍ가정에서 주로 다루고 있으며 기타 체육이나 과학에서도 영양 내용을 약간 다루고 있다(교육인적자원부, 1997; 체육, 2001)

7차 교육 과정에 나타난 영양 관련 교육 내용을 살펴본 결과 대체로 영양과 영양소에 관한 내용은 매 학년의 교과에 포함되어 있으나 영양 교육 체계는 미비한 것을 알 수 있었다.

교과서 내용은 교육과정에 따라 구성되는데, 교육과정은 실제 교과서가 개발되기 몇 년 전에 결정되기 때문에 미래 예측과 사회 변화에 맞는 구체적인 교육 내용을 담는 것이 어려운 과제이다. 또한 각 교과목의 한계가 선명하게 결정되지 못하여 교과목 사이에 내용이 중복되는 문제도 드러났다. 전체적으로 각 교과목의 교과과정이 상호 연계 없이 독립적으로 책정됨에 따라 영양 내용도 조정되지 못하여 여러 과목에 중복되어 나타나는 내용이 있다(<표 Ⅲ-1, Ⅲ-2> 참고). 또한 학년별 수준에도 차이가 있어 학습자에게 혼란을 줄 수 있고, 같은 교과안에서도 체계가 서 있지 못한 문제점이 보인다.

교육인적자원부는 교육과정 중의 영양 교육과 학교급식을 담당하고

64

있는데 교과과정 중의 영양 교육은 식생활과 관련되어 실시하고 있으나, 학교급식의 경우는 기본적으로 학생들에게 식사를 제공하는 양적인 면에 초점을 맞추고 있어 행동 실천 교육의 장인 학교급식과 연계된 영양 교육은 실제적으로 이루어지지 못하고 있는 실정이다.

한편 제7차 교육과정은 학교 급별 개념이 아니라 학년별 또는 단계 개념에 기초하여 일관성 있게 구성되어 있다. 그러나 첫째 교육과정은 학교 급별 단위로 운영되는 현실과 둘째 초·중등교육법에 명시된 교육 목적이 학교 급별로 제시된 현실적인 사항을 감안할 때 교육과정에 제시되는 교육목표도 학교 급별로 나타나게 되어 제7차 교육과정과 실제 학교 현장에서의 교육 내용이 유리될 수 있다는 문제가 있다. 또 모든 교육 활동이 학생 중심으로 이루어져야 하는 기본 방향에 따라 교육목표의 진술도 교육자의 입장보다는 학생의 입장, 그들의 진보 정도를 드러내는 방향으로 진술함으로써 학생 중심 교육과정 설정의 취지가 반영되도록 하였다.

현행 교육과정(정부 고시 1997 / 교과서 적용 2001)의 교과목 편제상 영양 교육은 독립 교과가 아니라 '실과'(중등은 기술·가정과)를 중심으로 하여 체육, 과학과의 하위 내용으로 구성되어 있으며, 남·여 학생 모두 배우게 된다. 2001년도부터 적용되는 초등학교 실과와 중·고등학교 기술·가정과 교과서에 있는 영양 교육 내용을 양적으로 분석한 사실 인식과, 영양 교육 이념형에 기초하여 그 내용을 질적으로 분석한 결과는 다음과 같다.

첫째, 교육과정에서 영양 교육은 '실과'에서 초등학교 5학년부터 시작하여 6학년과 중학교 7·9학년까지 하고, 고등학교 10학년에서는 하지 않으나 11~12학년에서 '가정 과학'과를 통해 심도 있게 하도록 되어 있다. 학년별 영양 교육 시간은 1년에 초등학교 8시간, 중학교 20시간 정도이다. 영양 교육 내용 편제상의 문제점은 초등학교 저학년에 그 내

용이 없어 조기에 체계적인 영양 교육을 할 수 없다는 점과, 그 중요성
에 비하여 학습 시간 배분이 너무 적다는 두 가지로 요약할 수 있다.

둘째, 영양 교육의 주요 내용은 '아동 영양과 식사 - 식품, 조리 기
구'(5학년), '간단한 음식 만들기 - 식품 선택, 밥과 빵 만들기'(6학년),
'청소년 영양과 식사 - 식사, 기초 조리 실습'(7학년), '가족의 식사 관
리 - 식단과 식품 선택, 식사 평가, 식사 예절'(9학년), '식생활 - 가족
영양과 건강, 식품 선택과 조리, 음식 문화'(11~12학년) 등으로 구성
되어 있다. 이 내용은 전통적인 영양 교육의 기본 요소인 '영양소, 음
식 선택, 조리, 음식 문화'까지는 포함하고 있다.

그러나 영양에 대한 기본 개념의 인식과 식생활 행태의 기능 및 태
도를 체계적으로 제시하지 못하고 사실과 단순 기능 위주로 가르치
도록 한 내용 구성은 문제가 있다. 특히 21세기 사회에서 지향해야
할 영양 교육 이념형인 '영양과 환경ㆍ인적 자본ㆍ사회보장' 등을
도입하지 못한 점과, 여러 사회과학과 자연과학 등 다학문적인 접근
(multidisciplinary approach)을 해야 하는 영양 교육 내용을 단일 학문
중심으로 구성한 점은 근본적인 문제라 할 수 있다.

## 나. 교과별 영양 교육 내용 체계 및 분포

우리나라 영양 교육 목표는 제7차 교육과정의 실과(기술ㆍ가정)에서
개인과 가정, 산업사회의 생활의 이해와 적응에 필요한 지식과 기능을
습득하여 가정생활을 충실하게 하고, 정보화, 세계화 등 미래 사회의
변화에 대처할 수 있는 능력과 태도를 가지는 것을 목표로 제시하고
있으나, 기타 교과에서 간헐적으로 다루어진 영양(식생활) 교육에는
구체적인 목표 설정 없이 내용을 구성하고 있다. 그러나 최근 연구에
서는 초등 실과 가정 영역의 교육목표는 '나와 가족, 옷, 음식, 주거,

자원 및 소비에 대한 기초적인 이해와 체험을 바탕으로 하여 이를 실생활에서 실천할 수 있다'를 대영역 목표로 설정하고, 그 하위 목표로는 '(음식과 생활) 건강한 식습관을 이해하고, 기초적인 조리를 익혀 실생활에서 올바른 식습관을 갖는다'로 설정하였다. 이 목표 체계는 지식, 기능, 행동 체계로 구성된 것으로 보인다.

그리고 기술·가정 교과의 가정교육 '식생활' 영역의 교육목표는 '식생활과 건강에 관련된 기본적인 지식을 이해하고, 식생활 문제들을 실천적으로 해결하여 나와 가족이 사회에서 건강한 삶을 유지할 수 있다'를 대영역 목표로 설정하고 그 하위 목표를 4가지로 구성하고 있다. 목표 1은 '건강과 영양과의 관계를 이해하고, 건강한 생활을 유지하기 위한 식습관을 올바르게 형성할 수 있다', 목표 2는 '건강한 식생활을 유지하기 위해 필요한 다양한 식품들을 선택하고 과학적으로 조리할 수 있다', 목표 3은 '현대 식생활이 가져올 수 있는 문제들을 인식하여 실천적으로 식생활 관리를 할 수 있다', 목표 4는 '우리나라와 다른 나라의 식생활 문화를 이해하고, 식사 방법 및 식사 예절을 익힌다'로 구성하여 제시하였다. 이 목표는 지식 태도, 기능, 기능 행동, 지식 태도 영역이 혼합되어 분류하기 어렵고 어떤 이론을 적용하였는지 분간할 수 없었다.

제7차 기본 교육 과정 중 교과별 영양 교육 내용 체계는 <표 Ⅲ-1>와 같으며, 학년별 교과별 교육 내용의 분포는 <표 Ⅲ-2>와 같다.

교육의 주체는 교육의 대상인 학생, 교육의 내용인 교육과정, 교육하는 사람인 교사로 생각한다. 따라서 이들 교사와 학생이 합의하여 요구하는 교육 내용을 이전 연구자들의 연구 논문을 중심으로 정리해 보니 <표 Ⅲ-4>와 같이 영양, 식품, 조리, 식생활 관리, 식생활 문화 영역별로 5개 영역으로 구분할 수 있었다.

이러한 영역 분류는 개방형으로 조사한 1차 델파이 설문지 응답에 대한 자료를 5개 영역으로 분류하고 유목화하는 데 적용하였다.

### 〈표 Ⅲ-1〉 제7차 교육과정 중 영양교육 내용 체계

| 구 분 | 실 과 | 체 육 | 생 물 |
|---|---|---|---|
| 3학년 | | ·신체성장과 발달<br>건강한 생활습관 | |
| 5학년 | ·아동의 영양과 식사<br>아동의 영양과 식품<br>조리기구 다루기<br>간단한 조리하기 | ·우리 몸의 이해<br>성장, 발달과 영양<br>영양소와 건강<br>알맞은 음식물 섭취<br>질병예방법 필수내용<br>·질병의 예방<br>식품 위생과 건강<br>식품 및 알레르기<br>전염병의 종류와 예방법<br>흡연과 알코올의 피해 | |
| 6학년 | ·간단한 음식 만들기<br>식품 고르기와 다루기<br>밥과 빵을 이용한 음식<br>만들기 | ·우리 몸의 이해<br>비만과 운동 | |
| 구 분 | 기술·가정 | 체 육 | 생 물 |
| 7학년 | ·청소년의 영양과 식사<br>청소년의 영양<br>청소년의 식사<br>조리의 기초와 실제 | ·건강한 생활<br>균형 있는 영양을 섭취하자<br>·공중보건<br>식품위생활동 | |
| 8학년 | | ·소비자보건 | |
| 9학년 | ·가족의 식사관리<br>식단과 식품의 선택<br>식사준비와 평가<br>식사예절 | | |
| 10학년 | | ·환경보건<br>환경보건에 대하여<br>이해하고 실생활에<br>적용한다 | |
| 구 분 | 가정과학 | 체 육 | 생 물 |
| 11~12<br>학년 | ·가족의 영양과 건강<br>균형 있는 식생활<br>생애주기와 식생활<br>질병과 영양<br>·식품의 선택과 조리<br>식품의 선택<br>식품의 특성과 조리<br>·음식문화와 음식마련<br>한국음식<br>외국음식<br>식생활 관련 산업과 직업 | ·건강과 운동처방<br>체중조절과 운동 | ·영양소와 소화<br>주 영양소<br>부영양소<br>영양과 건강<br>소화계의 구조<br>영양소의 소화<br>소화된 양분의 흡수와 이동<br>간의 기능<br>음주와 건강 |

*교육인적자원부(1997)

68

〈표 Ⅲ-2〉 학년별·교과별 영양교육 내용 분포

| 구분 | 교 과 별 | 구분 | 교 과 별 |
|---|---|---|---|
| 1학년 | **(슬생) 안전하게 생활하기**<br>·소꿉놀이: 먹는 것과 먹지 못 하는 것 발표하기, 음식 분류하기, 안전한 음식에 대하여 발표하기, 함부로 먹지 않아야 할 것 발표하기 | 4학년 | **(도덕) 사회생활**<br>·공공장소에서의 예절과 질서<br>**(사회) 인간과 사회**<br>·지역사회 생산활동<br>**(체육) 보건**<br>·신체성장과 발달의 이해/적용 신체구조와 성장<br>·질병예방법의 이해/적용<br>·호흡기, 소화기 등의 질병예방 |
| 2학년 | | 5학년 | **(실과) 아동의 영양과 식사**<br>·아동의 영양과 식품<br>·조리기구 다루기<br>·간단한 조리하기<br>**(사회) 우리국토의 모습**<br>·우리나라의 자연환경과 생활<br>**(과학) 우리 몸의 생김새**<br>**(체육) 보건**<br>·신체성장과 발달의 이해/적용 올바른 영양섭취와 건강<br>·질병예방법의 이해/적용 식품위생과 질병예방법 |
| 3학년 | **(도덕) 개인생활**<br>·청결, 위생, 정리정돈<br>·환경보호<br>**(사회) 고장의 모습과 생활**<br>·고장생활의 중심지<br>·놀이와 행사의 변화<br>**(체육) 보건**<br>·신체성장과 발달의 이해/적용 올바른 생활습관과 건강 등 감각기관 등의 질병예방 | 6학년 | **(실과) 간단한 음식 만들기**<br>·식품 고르기와 두기<br>·밥과 빵을 이용한 음식 만들기<br>**(체육) 보건**<br>·질병예방법의 이해/적용 개인의 건강과 공중보건<br>·공중보건 개인의 건강과 관리 |

| 구분 | 교 과 별 | 구분 | 교 과 별 |
|---|---|---|---|
| 7학년 | **(과학)**<br>·소화와 순환<br>·호흡과 배설<br>**(기술. 가정)생활기술**<br>·청소년의 영양과 식사<br>청소년의 영양, 식사, 조리<br>의 기초와 실제<br>**(체육)보건**<br>·공중보건의의와 중요성<br>·질병과 건강 | 10<br>학년 | **(체육)보건**<br>·환경보건 |
| 8학년 | **(체육)보건**<br>·소비자보건<br>나의 소비자보건<br>식품과 건강, 건강과 영양 | 11<br>학년<br>~<br>12<br>학년 | **(가정과학)**<br>·가족의 영양과 건강<br>균형 있는 식생활, 생애 주기<br>와 식생활, 질병과 영양<br>·식품의 선택과 조리<br>식품의 선택, 식품의 특성과<br>조리<br>·음식문화와 음식마련<br>한국음식, 외국음식, 식생활 관<br>련 산업과 직업<br>**(생물 Ⅰ)**<br>·영양소와 소화<br>주영양소, 부영양소, 영양과 건<br>강, 소화계의 구조, 영양소의<br>소화, 소화된 양분의 흡수와<br>이동, 간의 기능, 음주와 건강 |
| 9학년 | **(기술. 가정)생활기술**<br>·가족의 식사관리<br>식단과 식품의 선택, 식사<br>준비와 평가, 식사예절 | | |

*교육인적자원부(1997)

## 〈표 Ⅲ-3〉 중학교 식생활 교육내용 구성 변화

| 영역 | 이일하<br>(1987) | 전현주 · 윤인경<br>(1991) | 장현숙 · 조필교<br>(1995) | 제7차 교육과정<br>(교육부, 1997) |
|---|---|---|---|---|
| 영양 | ·영양원리<br>영양소의 체내 기능<br>식품과 영양, 건강<br>·영양원리의 응용<br>청소년기 영양<br>영양문제<br>질병에 따른 영양<br>관리 | ·영양소의 종류와 기능<br>·인체 대사와 영양소<br>·개인의 음식 섭취량 결정<br>·청소년기 발달특징과 영양 | ·청소년기 영양의<br>특성<br>인체와 영양<br>영양소의 기능<br>·청소년기 식습관과<br>영양문제, 식사와<br>건강 바람직한<br>식생활 | ·영양소의 기능<br>·청소년기의 영양<br>·그릇된 영양지식의<br>위험성<br>·건강유지를 위한 식<br>사법 |
| 식품 | ·식품 선택<br>식품의 특성<br>기초 식품군<br>간편 식품의 이용<br>·식품의 보관 및 위생<br>식품 성분의 변화,<br>변패식품 미생물,<br>식중독 | ·식품의 종류와 영양<br>·식품에 따른 특성<br>·가공식품의 선택과 활용<br>·식품의 배합<br>·식품의 관리방법 | ·기초식품군<br>·식품의 선택,<br>다루기 및 보관 | ·식품의 배합과 영양<br>·식품의 보관, 위생<br>·하루의 식품 구성<br>·식품의 선택<br>·식품가공방법과 원리<br>·가공식품의 이용<br>·식품 구매 지침 |
| 조리 | ·조리원리<br>조리 방법과 적용<br>조리중 식품 성분<br>의 변화 | ·조리에 따른 식품성분의<br>변화<br>·조리와 계량. 조리법의 종류<br>·조리의 순서와 방법<br>·한국음식 만들기 | ·조리의 기초, 식품<br>개량<br>·기본적인 조리방법<br>·반찬 만들기<br>·간식 만들기 | ·음식 만들기<br>·조리 시 식품의 변화<br>·조리방법의 종류 |
| 식생활<br>기기 | ·조리 기기의 사용 | ·식생활 기기 종류와 기능<br>·식생활 기기 선택방법<br>·식생활 기기 다루기 및<br>손질 | ·조리기구 | ·식생활 기기 |
| 식생활<br>계획<br>(관리) | ·식생활 관리<br>식사 계획<br>식품의 구입<br>·식품 기호 | ·식생활 계획. 식품구입<br>·식품 선택의 결정요인<br>·올바른 식습관<br>·하루의 식품구성 | ·식품의 낭비와<br>쓰레기 문제<br>·하루 식단 작성,<br>식사 평가,<br>식사 준비,<br>식사 관리 | |
| 상차림과<br>식사예절 | | ·상차림과 식사예절 | ·상차림<br>·식사예절 | ·식사예절<br>·식생활 문화 |

* 이일하, 중학교 남녀공수 가정과목의 식생활 교육내용에 관한 제언, 대한가정학회지 25(2), 1987
* 전현주 · 윤인경, '중학교기술. 가정'교과 교육내용의 통합적 접근에 관한연구, 한국가정과교육 학회지 3(1), 95-112, 1991
* 장현숙 · 조필교, 중학교가정교과서 식생활 및 의생활단원에 대한 교사의 인식 및 활용, 한국가정과교 육학회지 7(2),113-123, 1995
* 교육인적자원부, 제7차 교육과정, 1997

〈표 Ⅲ-4〉 식생활 교육내용 요구도

| 분야 | 선정된 교육내용 | 분야 | 선정된 교육내용 |
|---|---|---|---|
| 영양학 | 식생활의 의의*(1)<br>식사와 건강과의 관계*(1)<br>영양의 중요성*(1)<br>주요 영양소와 기능*(1)<br>소화와 흡수<br>기초 식품군*(1)<br>아침 식사의 중요성*(1)<br>가족의 건강과 영양<br>청소년기의 영양*(1)<br>적절한 영양 섭취*(1)<br>식습관과 체위<br>영양 상태의 진단<br>질병에 따른 식이요법 | 조리<br>(과)학 | 식품 조리의 원리*(2)<br>식품 조리 시 성분의 변화*(2)<br>간단한 음식 만들기*(1,2,3)<br>조리기구와 부엌설비*(1) |
| | | 식생활<br>관리 | 가족을 위한 식단 짜기*(3)<br>합리적인 식사계획*(3)<br>식비의 운용<br>식품의 유통과 소비<br>간편 식품의 이용<br>식품의 낭비와 쓰레기 문제*(3)<br>식품의 상표 읽기*(2) |
| 식품<br>(과)학 | 식품의 종류와 선택*(2)<br>식품의 가공 및 저장<br>식품의 가공 및 저장 방법<br>식품에 따른 보관 방법(2)<br>식품 위생<br>식중독*(2)<br>식품 첨가물<br>식품과 공해 | 식생활<br>문화 | 식생활 문화<br>식량 자원과 환경<br>우리나라의 식생활 발달과정<br>식사예절*(3)<br>우리나라의 음식<br>외국의 음식(중국, 일본, 서양) |
| | | 기타 | 식생활 관련 직업<br>식품 관련 산업 |

* 홍은정ㆍ백희영, 중학교가정과 교사와 학생의 식생활단원 교육내용에 대한
  요구도 분석, 대한가정학회지 343(6):287-306, 1996
* (  )번호는 제6차 교육과정 교과서에서 다루어지고 있는 내용

## 2. 일본의 학교 영양 교육 과정

일본의 문부과학성은 미래의 학교교육 방식에 관해 '여유' 속에서
스스로 학습하고, 스스로 생각하는 능력 등 '생활력' 육성에 중점을

두어 교육 내용을 엄선하고, 기초·기본을 철저히 만드는 것, 한 사람 한 사람의 개성을 살리는 교육을 추진하는 것, 풍요로운 인간성과 활기찬 신체를 기르는 것, 횡적·종적인 지도를 추진하기 위한 '종합적인 학습 시간' 계획 등이 교육과정의 기본 방향으로 설정되어 있다.

'생활력'이란, 아무리 사회가 변화하여도 첫째, 스스로 과제를 찾고, 스스로 학습하고, 주체적으로 판단하고, 행동하며, 문제를 보다 잘 해결하는 자질과 능력 둘째, 자신의 일을 처리하고, 남과 협조하고, 남을 생각하는 마음과 감동하는 마음 등의 풍요로운 인간성 셋째, 활기찬 생활을 위한 건강과 체력이라고 정의하고 있으며 이러한 '생활력'은 건강을 보호하고 지속, 증진시키기 위한 영양 교육 중심으로 충실하게 실천할 것을 요구하고 있다. 특히 건강의 중요성을 인식할 수 있도록 하는 동시에 정신 건강의 문제, 최근 식생활에서부터 생활 습관의 흐트러짐, 생활습관병 등의 건강 과제에 적절히 대응할 수 있도록 하기 위해서는 어린 시기에서부터 건강 증진의 영양 교육을 추진할 필요성에 따라 식생활 전체에 걸친 '식생활 지도'를 하도록 하고 있다. 학생들에게 식생활에 관한 지식을 가르칠 뿐만 아니라 그 지식이 바람직한 식습관 형성으로 이어질 수 있도록 실천적인 태도를 육성하도록 하고 있는 것이다.

식생활 지도의 목표는 건강한 삶을 영위한다는 관점에서 식생활의 역할을 확인하고, 아동에게 바람직한 식생활의 기초·기본을 몸에 익히게 하여 스스로 건강을 관리할 수 있는 능력을 길러주는 것이며, 이를 위해 지도에 있어서 창의적인 생각과 연구가 요구된다. 영양 교육으로써 학교급식과 연관된 식생활 지도를 하는 경우, 그 목표는 첫째, 생애에 걸쳐 건강하고 활기찬 생활을 하는 것. 둘째, 아동 한 사람 한 사람이 바른 식사 방법과 바람직한 식습관을 몸에 익혀 식사를 통해 스스로 건강관리를 할 수 있도록 하는 것. 셋째, 즐거운 식사, 급식 활동을 통해서 풍요로운 마음가짐을 기르고 사회성을 함양하는 것이다.

'생애에 걸쳐 건강하고 활기찬 생활을 하기' 위한 기반은, 아동이 '먹는다'의 의미를 중요하게 이해하고, 자신의 건강을 생각하여 식생활에 관한 주체성을 길러 나가는 것이다. 식생활 지도에 있어서는, 바른 식생활이 자기 자신의 건강한 심신을 만들며, 아동 시절의 편중된 식습관이 성인이 되었을 때 생활습관병으로까지 이어질 수 있음을 이해시키는 데에 중점을 두어 다루고 있다.

'바른 식사 방법과 바람직한 식습관을 몸에 익힌다'는 것은, 사회 환경의 변화에 따라 개인별 식행동이 다양하게 나타나는 가운데, 영양이 편중되지 않는 바람직한 식사 방법을 알고, 그것을 실천하는 것이 매일 매일의 건강한 생활의 기반을 만들며, 마음의 안정으로 이어진다는 사실을 이해하도록 하는 것을 의미하며, 특히 초등학생 시기는 앞으로의 식생활을 형성하는 극히 중요한 시기임을 강조하고 있다.

'식사를 통해 스스로 건강관리를 할 수 있다'는 것은, 아동을 둘러싸고 있는 식환경이 크게 변화하고 있는 가운데, 스스로 건강관리를 실천할 수 있는 능력을 기르는 것을 말한다.

'풍요로운 마음가짐을 기르고, 사회성을 함양한다'는 것은 가정에서 아동의 식생활이 변화하고, 일본의 좋은 전통 문화가 유실되고 있음이 지적되는 가운데, 급식 시간에 즐거운 식사 및 급식 당번 활동 등을 통해 아동들 간에, 그리고 교사와 아동 간에 정서 교류가 이루어지게 함으로써 풍요로운 마음과 바람직한 인간관계를 형성하고, 지역별로 형성된 식문화를 체험하고, 향토에 관심을 기울이는 것을 뜻한다.

## 가. 식생활 지도의 기본 방향

식생활 지도의 목표를 실현하기 위해서는, 아동이 스스로 식생활에 관해 생각하고, 개선하려는 의지를 가지고 식생활을 결정하며, 실천하는 능력을 몸에 익힐 수 있게 각 교과 시간 및 급식 시간에 식생활 지도를 할 필요가 있다. 구체적으로는 각각의 목표에 따른 지도 내용은 <표 Ⅲ-5>과 같다.

신체적 건강과 관련하여 성장기의 아동에게는 다양한 식품을 섭취하고 균형 잡힌 식사를 하는 것, 그리고 충분한 휴식과 수면, 야외 활동과 운동 등이 일생 동안 건강하고 활기찬 생활을 하는 데 중요하다는 사실을 이해시키는 것이 중요하다. 특히 식생활에 있어서는 식사와 몸의 관련성에 대해 관심을 가질 수 있도록 하고, 식품의 종류와 영양적인 특징을 알게 하는 것 등이 '신체적 건강'에 관한 것이다.

정신적 발달이라는 면에서는 식사와 정신적 문제의 관련성과 가족 간 대화의 필요성 등을 아동이 이해하게 하고, 학교생활에서는 물론 가정의 일상생활에서도 즐겁고 단란한 식사를 할 수 있도록 하여 정신적인 발달을 도와주는 것이 중요하다. 그러기 위해서는 함께 '식사하는 것'과 식사를 위한 여러 활동을 통해서 책임감, 자주성, 상대를 생각하는 마음, 그리고 자기 주변의 자연환경에도 관심을 가지고 중요시하는 마음 등을 기르는 '마음 가꾸기'를 목표로 한 학교급식의 장을 만들어 줄 필요가 있다. '먹는다'는 행위는 마음을 평온하게 해준다. 학교급식을 통해 친구들과 선생님과 함께 즐겁게 식사를 하면서 학교 생활에서 자신의 존재를 중요하게 여기고, 학교생활을 즐겁게 생각할 수 있도록 마음을 가꿔 줄 수 있다.

사회성의 함양이라는 측면에서는 가족과 친구들과 함께 마음을 열고, 즐겁게 대화를 나누는 것이 다른 사람을 풍요로운 마음으로 대하는 사회적 태도와 사회 적응력 함양으로 이어지게 된다. 그러나 최근의 조사에서는 아침 식사와 저녁 식사를 어린이 혼자서 하는 비율이 높아지고 있다고 보고되는 등 가정에서 식사를 통해 사회성을 기를 수 있는 기회가 줄어들었다고 한다. 학교급식은, 친구들, 선생님과 함께 식사를 하는 즐거움이 있다. 뿐만 아니라 이를 학교행사에 도입하는 경우에는 다른 학년의 친구들과 지역의 고령자와의 접촉을 통해 세대 간 문화 교류도 가능하고, 바람직한 인간관계를 육성하는 데에도 도움이 된다. 또한 준비, 뒷정리 등 아동이 스스로 하는 활동은 노동(일)에 관한 귀중한 실천의 장이 된다. 이러한 체험을 통해 노동의 중요성을 알고, 함께 일을 하는 데 필요한 협동심과 사회성을 기를 수 있다. '살아 있는 교재'인 학교급식의 식단에서 다양한 식사 내용을 알고, 체험하는 이상으로 식품의 생산 · 유통, 식문화에 대해서도 공부할 수 있고, 깊이 이해할 수 있게 된다.

자기 관리 능력의 육성이라는 면에서는, 핵가족 제도와 아이를 적게 낳는 현상이 계속되고, 아버지가 직장 때문에 가족과 떨어져 살거나 일 중심으로 생활하는 경우가 많아 가정에서 아버지의 존재감이 희박해지는 경향이 생겨났으며, 부모들의 자각 부족과 스스로 생활 습관을 돌아보지 않는 부모가 증가함으로써 가정교육이 소홀해지는 경향에 따라 식생활에서부터 기본적으로 올바른 습관을 익히지 못하는 아이들이 증가하고 있음을 우려하고 있다.

식생활이 원인이 되는 건강 문제가 증가하는 것은, 바른 식습관이 몸에 배지 않은 데에 주요한 원인이 있다고 볼 수 있다. 바른 식습관을 실천하기 위해서는, 자신의 건강은 자신이 지키는 '자기 관리 능력'이 필요하다. 생애에 걸친 몸의 건강을 위해서, 자기 관리 능력을 육성하는 것이 앞으로 학교교육이 담당해야 할 중요한 역할이다. 그러기 위해서는 매일 매일의 생활 속에서 아동이 스스로 바람직한 행동을 할 수 있도록 하는 것이 중요하다. 식생활에 있어서는, 아동이 식생활에 관심을 갖고, 스스로 문제를 찾아, 실천으로 이어질 수 있도록 학습을 전개해 나가는 것이 바람직한 자기 관리 능력을 키워 나가는 방법이 된다. 학교급식에서는 자주적으로 요리의 종류와 내용, 양을 생각해 선택할 수 있는 급식 형태를 개발하면 체험을 통해 식생활에 관한 자기 관리를 학습할 수 있다.

〈표 Ⅲ-5〉 일본 식생활 지도의 목표에 따른 내용

| 영역 | 저 학 년 | 중 학 년 | 고 학 년 |
|---|---|---|---|
| 신체<br>적<br>건강 | ·급식에서 여러 가지 식품을 사용 된다는 것을 안다.<br>·일상적으로 섭취하고 있는 식품의 이름과 형태를 안다. | ·하루 세 끼 식사를 잘 씹어 모두 섭취하는 것의 중요성을 안다.<br>·음식은, 그 기능에 따라 세 가지로 분류할 수 있다는 것을 안다.<br>·급식의 식단에는 세 가지 기능의 음식이 균형 있게 골고루 들어있다는 것을 안다. | ·건강을 보존하고 유지, 증진시키기 위해서는 하루 세 끼를 규칙적이고, 균형 잡힌 식사로 섭취하는 것이 중요하다는 사실을 안다.<br>·자기 스스로의 건강을 보존, 유지, 증진시키는 데에 있어서 학교 급식이 큰 역할을 담당하고 있음을 안다. |
| 정신<br>의<br>발달 | ·친구들과 사이좋게 급식을 먹을 수 있다.<br>·급식 준비와 뒷정리 등의 당번 활동을 통해서 협력하면, 즐거운 급식시간이 된다는 것을 안다. | ·그룹으로 협력하고, 즐거운 분위기 속에서 급식을 먹을 수 있다.<br>·친구들과 협력하여 급식 준비와 뒷정리 등의 당번활동을 할 수 있다.<br>·우리가 먹는 음식물을 만들어내는 자연의 놀라운 체제를 알 수 있다. | ·식사예절에 관해 생각하고, 즐겁게 대화하면서 기분 좋게 식사할 수 있다.<br>·당번활동과 위원회활동 등을 통해 안전과 위생에 주의를 기울이면서 식사를 운반하고, 배선할 수 있다.<br>·학교급식을 통해 협력하는 것의 중요함을 알고, 자신을 도와주는 사람들과 주위 친구들에게 감사하며, 그에 대응할 수 있다.<br>·자연 속에서 동식물과 함께 살아가고 있는 자신의 존재에 대해 생각하고, 자연을 중요시하는 마음을 가질 수 있다. |

| 영역 | 저 학 년 | 중 학 년 | 고 학 년 |
|---|---|---|---|
| 사회성 함양 | ·급식소에서 일하는 사람들에게 감사의 마음을 가질 수 있다.<br>·협력하여 준비, 뒤처리를 할 수 있다.<br>·여러 명이 그룹으로 함께 즐겁게 식사할 수 있다. | ·자신이 먹고 있는 급식은 그 지역과 그 지역 사람들과 깊이 관련되어 있다는 것을 안다.<br>·계(係)와 당번 활동 등 자신에게 주어진 일을 안전과 위생에 주의하면서 행할 수 있다.<br>·자신의 식생활은 다른 지역과 여러 외국과도 깊은 관계가 있음을 안다. | ·식재료의 생산·유통·소비에 관한 연구와 노력에 대해 알고, 관련된 사람들에게 감사하는 마음을 가질 수 있다.<br>·당번활동과 위원회활동 등을 통해 안전과 위생에 주의하면서 운반하고 준비할 수 있다. 또한 그룹의 리더로서 이를 자각하고 책임있게 행동할 수 있다.<br>·지역에서 예로부터 전해져 내려오는 식문화와 역사에 대해 관심을 가질 수 있다.<br>·외국의 식문화를 통해, 외국과의 관계에 대해 생각할 수 있다. |
| 자기관리 능력의 육성 | ·자신의 건강을 위해 급식을 먹기 위해 노력할 수 있다.<br>·식생활에 관한 행사에 적극적으로 참가할 수 있다. | ·급식을 기본으로, 영양의 균형을 생각한 식사에 유념할 수 있다.<br>·식생활에 관한 행사에 적극적으로 참가하고, 자신의 식생활을 살펴볼 수 있다. | ·자신의 건강을 식사, 운동, 휴식 및 수면의 생활습관으로부터 생각해 볼 수 있고, 균형 잡힌 규칙적인 식사에 유념할 수 있다.<br>·식생활 관련 행사를 계획하거나 적극적으로 참가하거나 할 수 있다.<br>·자신의 식생활을 살펴보고, 더 나은 식습관을 형성하고자 노력할 수 있다. |

*日本 文部科學省(平成 12年).

## 나. 초등학교 교과별 식생활 지도 내용

아동은 일상의 식생활에서, '신체적 건강', '정신적 발달', '사회성의 함양', '자기 관리 능력의 육성' 등의 목표 의식을 갖고 식생활을 하고 있지 않다. 이러한 실태를 고려하여, 이상의 자질과 능력을 효과적으로 몸에 익히도록 하기 위해 적절히 지도하고, 조언할 필요가 있다. 즉 식생활 지도에서는, 급식 시간으로부터 학급 활동, 교과 시간 등에서의 학습을 서로 관련하여 지도하고 종·횡으로 연관시켜 지도하고자 노력하는 것 이상으로 아동에게 '스스로 건강을 관리하는' 능력을 몸에 익히게 할 수 있다. 지도에 있어서는, 아동 개개인의 실태에 따라 과제를 명확히 제시하고, 일상생활에서 응용·발전시킬 수 있도록 적절한 조언을 하는 것이 중요하다.(<표 Ⅲ-6> 참고)

〈표 Ⅲ-6〉 일본 식생활 학습지도 주제 내용

| 목 표 | 1학년 | 2학년 | 3학년 | 4학년 | 5학년 | 6학년 |
|---|---|---|---|---|---|---|
| 신체적 건강 | | | 【학급활동】 「먹고 싶은 것만 먹어서는 안 돼」 | 【학급활동】 「간식 섭취 방법에 대해 생각하기」 【체육과】 「나와 자라나는 몸」 | 【가정과】 「달걀 요리 만들기」 【체육과】 「신체적 발육과 정신적 발달」 【가정과】 「야채를 먹자」 | 【이과】 「사람의 몸」 【체육과】 「식사와 건강」 |
| 정신적 발달 (마음 가꾸기) | 【생활과】 「잔뜩(많이) 먹을 수 있을까」 | 【생활과】 「채소 기르기」 | | 【도덕】 「우리 집은 빵집」 「노동의 즐거움」 | | 【사회과】 「식량난 극복」 「수제비 만들기」 |
| 사회성 발달 | 【생활과】 「우리들의 급식은 어디에서 올까?」 | 【생활과】 「고구마가 나왔다. 축제다」 | 【사회과】 「도자기공장」 | 【사회과】 「우리 카가와(香川) 현」 | 【사회과】 「쌀 만드는 일」 | 【사회과】 「학교급식에서 살펴보는 전쟁 후의 생활」 |
| 자기 관리 능력 의 육성 | 【학급활동】 「음식의 비밀」 | 【학급활동】 「나의 간식」 | 【학급활동】 「잘 씹어 먹기」 | 【학급활동】 「아침 식사하기」 | | 【가정과】 「가족을 위해 간단한 식사」 【체육과】 「질병의 예방」 【학급활동】 「식사의 위생」 |

## 다. 일본 식생활지도목표

일본의 학교 식생활 지도의 목표는 건강한 삶을 위한 관점에서 식생활의 역할을 확인하고, 아동에게 바람직한 식생활의 기초·기본을 몸에 익히게 하여 스스로 건강을 관리할 수 있는 능력을 길러주기 위해서 지도에 있어서 창의적인 생각과 연구를 요구하고 있다. 각 교과에서의 지도목표는 신체적 건강, 정신적 발달, 사회성의 함양, 자기관리능력의 육성으로 구성하고 있어 식생활 관리중심의 목표체계를 갖고 있다. 학교급식과 연관된 식생활 지도의 목표로는 생애에 걸쳐 건강하고 활기찬 생활을 하는 것으로, 아동 한 사람 한 사람이 바른 식사방법과 바람직한 식습관을 몸에 익혀 식사를 통해 스스로 건강관리를 할 수 있도록 하는 것과, 즐거운 식사, 급식활동을 통해서 풍요로운 마음가짐을 기르고 사회성을 함양하는 것으로 구성하여 대목표인 올바른 식생활 실천교육으로 학생 스스로 건강을 관리능력 배양을 급식활동과 연계하여 실천하게 하는 구조를 가지고 있다.

## 3. 미국의 학교 영양교육 과정

미국의 영양교육 과정은 모든 학교의 교과과정의 통합된 부분으로서 영양교육의 포괄적이고 연속적인 프로그램의 필요성은 White House Conference on Food, Nutrition, and Health의 1969년 최종보고서에서 권장되었다. 이 권장은 1977년에 federal Nutrition Education and Training(NET) program의 설립에서 최고조에 달하였다. 테네시 NET프로그램이 세워진 후에 필요 평가한 결과는 주에 학교 중심의

영양교육을 위한 포괄적이고 연속적인 구조가 부족함을 드러냈으며 초
등학교의 교사들은 몇 개의 과목으로 통합될 수 있는 프로그램을 원
하였고 건강, 가정과, 과학 그리고 사회 연구에서의 2차 교사들은 영
양을 가르치는 데 관심을 나타냈다.

학교 영양교육 과정체계는 미취학 아동부터 12학년까지(K-12) 국가
표준 교육과정에 통합하고 있으며 영양교육 계획의 기본으로 네 가지
의 목적을 설정하고 있다. 이 목적에 맞는 목표를 세우고, 그 목표를
달성하기 위한 영양교육내용을 결정하고 있다. 네 가지의 목적 중 첫
째는 영양과 건강의 관련성 이해, 둘째는 식 행동의 사회문화적 측면,
셋째는 식품의 물리·화학적 특성 그리고 식품과 영양 관련 문제 해
결 능력 배양에 초점을 두었다. 많은 주제의 범위와 결과를 개발하는
데 기본으로 우리는 몇 가지의 내용 구성에 대한 결정을 만들었다.

유치원의 교육 구조는 나이보다 발달단계에 근거하여 두 개의 수준
을 기초로 하였으며, K-6의 경우는 각 학년 수준에서 주제를 규명하였
다. 그러나 7-9, 10-12학년에서는 이차적인 학교에서 많은 수업이 몇
개 학년의 학생 중심이기 때문에 몇 개의 학년을 그룹으로 묶고 있다.

영양교육의 통일된 초점의 구조를 제공하기 위하여 첫째 유치원, 식
품과 영양 개념, 활동의 소개. 둘째 K-1, 식품의 수용과 즐거움을 증가
시키기 위한 탐험. 셋째 K-2, 3 식품과 영양에 관련된 기본 개념의 분
화. 넷째 K-4~6, 식품과 영양의 사회문화적 측면. 다섯째 K-7~9, 개
인과 관련된 영양지식과 기술. 여섯째 K-10~12, 식품과 영양에 관련
된 소비자 기술과 같이 다양한 수준의 영양교육 주제로 구성하고 있다.

각각의 목표(objective)는 각 교육수준에서 주제를 포함했고 각 목적
(goal)은 각 학년이나 발달단계에서의 주제를 포함하고 있다. 각 주제
(topic)에 대해 영양지식, 태도, 습관의 성취 기대수준을 나타내고 있
다(Skinner et. al., 1985).

〈표 Ⅲ-7〉 목적 1을 위한 영양교육 목표와 내용: 영양과 건강의 관련성 이해

| 구분 | 목표 1: 인간 발달에서의 영양소의 역할에 대해 이해한다. | 목표 2: 식사의 적합성에 대해 이해한다. | 목표 3: 식습관과 건강의 관련성에 대해 이해한다. |
|---|---|---|---|
| PsB | 생명유지와 성장에서 식품의 중요성<br>식사 시 음식 씹는 것의 중요성 | 식사에서 필요한 식품의 종류 | |
| PsA | 체격이 다른 사람들에게 필요한 식품의 양 | | 식품의 역할 |
| K | 생명유지와 성장을 위한 기본적인 요구량<br>건강 측면에서 영양의 중요성 | | 건강을 위한 간식과 식사의 역할 |
| G1 | 활동량과 에너지 요구량 사이의 관계 | 매일 필요한 식품의 종류 | |
| G2 | | 식품의 분류 | 건강유지를 위해 사람들이 섭취하는 식품과 식품의 조합 |
| G3 | 성장과 식품 섭취와의 관계<br>성장의 필요 충족에 따른 식품의 기여도 | 영양소 종류<br>다른 식품에 포함된 영양소 | 건강과 식습관 사이의 관계 |
| G4 | 단백질, 탄수화물, 지방의 일차적 기능 | | 다양한 문화권에서의 식품<br>다양한 문화권에서 식습관과 건강문제의 관련성 |
| G5 | 비타민, 무기질, 물의 일차적 기능<br>식품 섭취, 신체 외모, 그리고 체력과의 관계 | 식품 선택과 식사의 적합성 관계 | |
| G6 | 영양과 소화의 관련성<br>다른 연령층에서 에너지와 영양소 요구량 | | |
| G7-9 | 성별 차이에 따른 영양<br>신체시스템과 영양의 관계<br>다양한 활동에 따른 에너지와 영양소 요구량<br>영양 상태와 자아상 발달 간 관계<br>개인별 에너지와 영양소 요구량 | 임신, 수유에서 영양의 역할<br>식사 지침(식품의 기초) 대비 개인 식사의 적합성<br>영양가 높은 식품준비: 가정, 외식 | 건강 충족을 위한 식품 패턴<br>건강과 관련하여 개별적 식사패턴이 갖는 의미 |
| G10 -12 | 생애주기에 따른 영양소 요구량(영아, 아동, 청소년, 성인) | 다양한 상황에서 식품, 영양소에 근거한 지침의 적합성<br>다양한 가족 형태별 식사의 적합성<br>식이 보충제, diet aids, fad diets | 다양한 사회문화 집단을 위한 메뉴의 적합성<br>식사 패턴과 건강상태 관련성<br>다양한 경제수준별 메뉴 |

〈표 Ⅲ-8〉 목적 2를 위한 영양교육 목표와 주제:
개인과 환경, 식품 관련 행동의 관계 이해

| 구분 | 목표 1: 식품인지와 감각이 식품 관련 행동에 대한 역할을 이해한다. | 목표 2: 물리적, 사회문화적 환경, 식품 관련 행동 사이의 관계를 이해한다. | 목표 3: 개인적 상황과 식품 관련 행동의 관계를 이해한다. |
|---|---|---|---|
| PsB | 여러 종류의 식품을 구분 식품의 감각적 특성 | 식사시 올바른 행동 | |
| PsA | 다양한 식품의 형태 | 인근지역에서 재배되는 식품 계절 식품 | 다양한 가정에서 먹는 식품 식품을 얻는 데 필요한 자원 |
| K | 식품의 맛 느끼기 식품의 감각적 경험 | | 식품 패턴과 가족의 배경 사이의 관계 |
| G1 | | 물리적 환경과 식품에 대한 반응 관계 여러 장소에서 이용 가능한 식품 식품이 재배되는 장소 | |
| G2 | | 식사예절 연중 이용할 수 있는 식품 | 식품 관련 경험과 식품에 대한 느낌의 관계 식품에 관하여 듣는 것과 이에 대한 인식 |
| G3 | 여러 식품에 대한 감각과 인식 | 식품생산, 분배, 소비의 과정 | |
| G4 | 다양한 문화에서 식품의 특징 | 다양한 문화에서 수용되는 식 행동 여러 지역에서 식품 유용성에 영향을 미치는 요인 여러 지방에서 공급되는 식품의 적절성 | 지역별, 사회 문화적 집단별, 식품과 영양 관련 문제 |
| G5 | | 식품생산, 분배, 소비와 관련된 자원 | 사회문화적 유산과 가족의 식생활 패턴과의 관계 foodways와 자용 패턴과의 관계 |
| G6 | 식품의 특성과 식품 수용도 패턴과의 관계 | | |
| G7-9 | 다른 조리기술로 준비된 식품의 감각과 인식 다양한 식품 특성을 갖는 식사 | 즐거운 식사에 대한 문화적 기준 물리적, 사회 문화적 환경 특성과 식품유용성의 관계 | 개인적 식사 패턴과 지식, 태도, 경험과의 관계 식품 선택과 비용에 미치는 영향을 주는 요인 관계 |
| G10 -12 | 다른 보존기술 방법으로 준비된 식품의 감각과 인식 | 식품 관련 행동과 식품이 구매되고 제공되는 장소의 특성 식품 비용과 식품이 구매되고 제공되는 장소 간의 관계 식품 유용성과 가격의 관계 농업과 패턴과 식품생산, 안전성과의 관계 세계 식품 공급 문제에 관한 의견, 가치 식품 생산, 분배, 소비에서 자원의 역할 | 개인의 가치와 식품 구매 관련 의사 결정 사이의 관계 식품에 관하여 소비자 정보 식품광고와 소비자 행동과의 관계 식품 관련 행동과 자원유용성 간의 관계 영양가 높은 식사 준비에 소요되는 시간 |

## 〈표 Ⅲ-9〉 목적 3을 위한 영양교육 목표와 주제: 식품의 물리화학적 성질의 이해

| 구분 | 목표 1: 식품의 급원을 이해한다. | 목표 2: 식품의 영양소와 에너지 조성을 이해한다. | 목표 3: 식품의 물리적, 화학적 성질이 조리와 저장에 어떻게 영향을 미치는지 이해한다. |
|---|---|---|---|
| PsB | 상용 식품의 급원 | 상용하는 영양가 있는 간식 | 식품 – 청결위생(순씻기 등) |
| PsA | | | 조리 시 식품의 변화<br>간단한 간식의 조리 |
| K | | 영양 간식 | 간단하고 조리되지 않은 간식 |
| G1 | 주요 식품 급원 | | 식사준비와 식사시 청결의 중요성 |
| G2 | 여러 가지 식물의 가식부위<br>다양한 식품의 급원이 되는 동물 | | 냉장보관 식품<br>조리해야 하는 식품 |
| G3 | | 영양소와 에너지의 좋은 급원 | 간단하고 조리되지 않는 고기 |
| G4 | | 다양한 문화권에 따른 영양소와 에너지의 주 급원 식품 | 다양한 문화권에서 사용되는 식품 저장의 종류와 저장방법 |
| G5 | 식품의 특성과 유통 체계의 관계 | | |
| G6 | | 당, 전분, 지질, 단백질, 비타민, 무기질의 주 급원 | |
| G7-9 | 합성 가공 식품의 기원 | 여러 식품의 에너지 함량<br>철분, 칼슘, 비타민 A, B군, C, D의 주 급원<br>식품 조리법과 영양소 손실과의 관계 | 다양한 식품 조리법을 활용한 식사<br>식품 보관과 준비 시 식품 위생의 원리<br>식품의 특성과 조리(준비) 시간과의 관계 |
| G10 -12 | 다른 분배 체제를 통해 얻은 식품의 결과 | 상용 식품의 영양소 밀도<br>엽산, 비타민 B12의 식품 급원<br>식품 저장법과 영양소 손실과의 관계 | 식품의 물리화학적 특성에 관한 첨가물의 역할<br>식품 첨가물과 건강과의 관계 |

※ PsB: Preschool, begining level
　PsA: Preschool, advanced level
　　K: Kindergarten
　Gn: Grade number

## 〈표 Ⅲ-10〉 목적 4를 위한 영양교육 목표와 주제: 식품, 영양 관련 문제를 해결하기 위한 원리와 방법 이해

| 구분 | 목표 1: 개인, 지역사회, 세계와 관련된 식품, 영양 관련 문제를 이해한다. | 목표 2: 식품, 영양 관련 문제를 분석하고 해결하기 위한 자원의 이용을 이해한다. | 목표 3: 식품, 영양 관련 문제를 해결하기 위한 과정을 이해한다. |
| --- | --- | --- | --- |
| PsB | | 식품과 영양에 관한 정보 급원(인적) | |
| PsA | 개인, 이웃의 식품, 영양 문제 | 식품에 관한 미디어 광고 | 식품의 요구를 만족하도록 다른 사람 돕기 |
| K | | 식품과 영양 관련 정보의 일반적인 급원 | 식품과 영양 관련 문제 해결에의 참여 |
| G1 | 식품에 관한 사람들의 생각, 의견 | | 식품과 영양 관련 문제의 해결책<br>식품과 영양문제의 일치 |
| G2 | | 식품과 영양 문제 해결에 사용되는 자원의 종류 | 문제 해결의 능력 |
| G3 | 식품에 대한 사람들의 인식, 신념 | 식품과 영양 관련 문제 해결하는 데 자원의 역할 | 식품, 영양 관련 문제를 해결하기 위한 다른 방법의 결과<br>문제 해결에 대한 대안의 적합성 |
| G4 | | 식품과 영양 문제 해결을 위해 개인, 집단이 이용 가능한 자원 | |
| G5 | | | 문제 해결의 단계<br>식품과 영양 관련 문제 해결을 위한 과정 비교 |
| G6 | 식품과 영양의 역할에 대한 사람들의 생각<br>여러 이익집단의 식품과 영양 관련 목표 | 식품과 영양에 관한 정보 자원의 신뢰성 | |
| G7-9 | 개인적인 식품, 영양에 관한 관심사 | 식품과 영양 관련 정보의 전문적인 급원<br>식품과 영양에 대한 정보의 양적, 질적인 사이의 관계<br>식품과 영양에 관련된 정보의 타당성<br>식품과 영양 문제 해결을 위해 이용 가능한 자원 | 식품과 영양 관련 문제, 관심사 해결에 개인의 역할 |
| G10-12 | 현재의 식품, 영양 관련 이슈<br>개인, 지역사회, 세계적으로 관심 갖는 식품, 영양 관련 이슈의 함축적 의미<br>정치, 사회경제적, 건강문제와 관련된 식품과 영양의 역할 | 식품, 영양정보의 제공(기관, 중재소)<br>여러 식품 영양 관련 정보제공자의 정보 적절성<br>식품, 영양정보 제공자의 목적, 관심사<br>다른 정보제공자들 간의 정보의 일치성 | 문제 해결대안에 관한 결과<br>개인적 가치와 문제해결의 방법 간의 관계<br>문제 해결을 시행에서 지역사회, 국가의 역할<br>문제 해결 시 이용하는 자원의 효과 |

* Skinner et al. (1985). An integrative nutrition education framework for preschool through grade 12, *Journal of Nutrition education*, 17(3): 75-80

  미국의 학교 영양교육 과정 구성의 특징은 유치원과정부터 12학년
까지의 영양교육을 위한 구조로서 목적 1부터 4의 구조와 그 목적에
따른 목표를 설정하고, 목표를 달성하기 위한 가능성 있는 내용으로
구체화되어 있다. 식품과 영양 관련 문제 해결에 초점을 둔 목적 4는
이 구조의 특별한 구조로서 독특하고 강력한 것으로 평가되고 있다.
학습의 이 측면을 강조하는 것은 영양정보의 응용을 증가시킬 것이며,
이 구조의 최대 장점은 학생들이 전체의 순서를 끝낼 때까지 명백하
다. 만족할 정도는 아니지만 구조로부터 개발된 교수계획을 사용한 교
사들에 의한 피드백된 정보는 효과적인 영양교육 제공 접근방법으로
평가되고 있다.

  설정된 영양교육 구조와 연속적인 교과과정을 위한 항목은 구조가
포괄적이고, 아이들의 생리·인지·사회·정서적 발달 각 단계에 적합
하다. 주제를 논리적으로 진행시키면서 연속적이고, 몇 개의 과목으로
통합과 기존 주제와의 조화를 위해 계획하고, 아이들의 영양지식, 영
양태도, 식습관에 중심을 두고 있다. 영양교육의 목적은 영양교육으로
서 포괄적인 접근을 확실하게 하였으며 구조에서 유치원과정은 발달단
계에 따라, K-6의 경우는 각 학년 수준에서 주제를 규명하였고, K-
7~9, K-10~12에서는 몇 개 학년을 묶어 그룹으로 수준별로 주제를
선정하여 포괄적이고, 연속적이며 통합적인 그리고 발달 면에서 적절
한 구조로 평가하고 있다.

  미국의 학교 교육제도는 유치원교육(1-3년), 초등교육(6년), 중등교
육(6년), 그리고 고등교육(4년 또는 그 이상)을 근간으로 하고 있으며,
이 중에서 12년간의 초, 중등교육은 의무교육이다. 학제는 주에 따라
6.3.3제, 8.4제, 또는 6.6제와 같이 다양하게 운영되고 있다. 미국에서
의 교과교육은 그 권한이 연방 정부에 있지 않고 주 정부에 있다.

  실제로 학교교육과 학구와는 밀접한 관련을 맺고 있고 이에 상응하

는 권한을 지역학구가 갖고 있기 때문에 같은 주 내에서도 학구에 따라 다른 교육프로그램을 갖고 있다. 그러나 대부분의 주에서 교과별 교육과정지침을 제공하고 있기 때문에 학구의 교육과정이 어느 정도는 주의 통제를 받는다고 할 수 있다.

교육과정에 제시된 가정 교과의 목표는 크게 학과목표(Goals), 일반목표(General Objectives)와 수업목표(Specific or Instructional Objectives)의 3단계로 진술되고 있는데 교과 목표의 주요 내용은 '개인과 가정생활의 질 향상', '문제해결 능력, 사고력, 의사결정능력 등의 개발', '재정을 비롯한 자원의 관리능력 습득', '가정생활에 필요한 지식과 기술습득', '직업세계에 대한 이해'로 제시하고 있다.

지도내용으로는 지도영역에 식생활을 포함하고 있으며 교과수준의 경우에는 대부분 학구에서 다루고 있으며 지도내용의 상세화 정도도 매우 다양한데 대개 한 영역에 10-12개의 지도요소를 제시하고 있으며 학구에 따라 적게는 2개에서 16개까지 제시하고 있다. 식생활 영역에서 다루는 빈도가 높았던 내용을 보면 '조리용구의 사용과 계량하기', '조리용구의 보관', '기초 식품군', '식품과 영양소', '부엌의 이용', '조리기구의 사용과 관리', '상차림과 식탁예절의 기본', '식품의 위생과 관리', '식단작성', '식사계획과 준비', '조리의 기본방법', '저열량 식품', '식생활 관련 직업', '가족의 식사', '간단한 음식 만들기', '식품서비스와 생산의 차이', '상품화된 식품', '식품구입', '조리중의 화학변화', '점심 포장하기', '아침의 중요성', '여러 나라의 음식'으로 구성되어 있다(윤인경, 1994). 미국의 가정과 교육과정은 필수가 아닌 선택으로 운영하고 있어서 학생들이 가정과목을 선택하지 않을 경우에는 식품과 영양에 대하여 배울 기회가 없으므로 학교 영양교육을 K-12 교육과정에서 통합적으로 운영하고 있는 것이다.

미국의 경우는 K-12 국가표준 교육과정에 나타난 영양교육 계획의 기본으로 네 가지의 목적과 이 목적 안에 상응하는 12가지 목표를 제시하고 있다. 네 가지의 목적은 주제별로 영양과 건강 사이의 관계이해로 지식 측면, 식품 관련 행동의 사회 문화적인 행동 측면, 식품의 물리적, 화학적 특성의 식품취급 가치 태도 측면, 그리고 식품과 영양 관련 문제 해결기능에 초점을 두고 목적별로 구체적인 목표를 설정하고 있는 지식, 행동, 가치 태도, 기능의 구조로 보인다. 목적 Ⅰ의 목표 1은 인간발달에서의 영양의 역할 이해를, 목표 2는 식사의 적합성 이해를, 목표 3은 식습관과 건강과의 관계 이해를 설명한다. 목적 Ⅱ의 목표 1은 식품 관련 행동을 감각의 역할과 식품의 특징 인지의 이해를, 목표 2는 물리적 환경과 사회 문화적 환경, 식품 관련 행동 사이의 관계 이해를, 목표 3은 개인 환경과 식품 관련 행동의 관계 이해를 설명한다. 목적 Ⅲ의 목표 1은 식품급원 이해, 목표 2는 식품의 영양소와 에너지 조성 이해, 목표 3은 식품의 물리적, 화학적 성질이 조리와 저장에 어떻게 영향을 미치는지의 이해를 설명한다. 목적 Ⅳ의 목표 1은 식품과 영양 관련 문제와 자신의 지역사회, 나라에 관련된 주제 이해, 목표 2는 식품과 영양 관련 문제 해결과 주제 분석을 위한 자원사용의 이해, 목표 3은 식품과 영양 관련 주제의 문제 해결과정 이해를 설명하는 주제별 학년별로 목표를 구성하고 있다.(<표 Ⅲ-7, 8, 9, 10> 참고)

## 4. 한국·일본·미국의 영양교육목표와 내용

한국의 영양교육은 단일교과가 아니라 가정과 식생활 영역의 하위 요소로 운영되고 있다. 가정과는 다학문적인 응용과목이기 때문에 교육목표도 대단히 포괄적으로 설정되었다. 그러므로 그 목표만 보아서는 식생활에 대한 내용이 다루어지는지를 알 수 없을 정도이다. 영양 내용은 하위목표 형태로 된 단원목표나 학습목표에 따라 구성되어 있다.

이 체계는 전체적인 목표 설정 없이 식생활 단원목표로 구성되어 있기 때문에 단편적이며, 예측되는 미래 영양문제 대응에 적극적일 수 없다. 따라서 적극적인 대응을 위해서 학교 영양교육의 목표와 내용은 학생이 자발적으로 바른 식습관을 행동하고 관리할 수 있는 체계로 개선하여야 하며, 좋은 식생활 환경을 추구하여 사회적인 변화를 도모 하는 체제로 구성되어야 한다. 특히 영양교육 내용은 학교 교육과정과 통합하고 학교급식과 연계체계가 요구된다.

일본의 영양교육에서 교육목표는 생애에 걸쳐 건강하고 활기찬 생 활을 하는 것, 아동 한 사람 한 사람이 바른 식사방법과 바람직한 식 습관을 몸에 익혀 식사를 통해 스스로 건강관리를 할 수 있도록 하는 것, 즐거운 식사, 급식활동을 통해서 풍요로운 마음가짐을 기르고 사 회성을 함양하는 것으로 3가지를 목표로 구성하고 있다. 교육내용으로 는 신체적 건강, 정신의 발달, 사회성 함양, 자기관리능력의 육성 4영 역으로 구분하고 영역별 내용요소로 구성하고 있다.

일본의 영양교육은 각 교과와 통합된 내용으로 이루어지고 있으며 학교급식과도 연계한 체계를 이루고 있다. 특히 식생활습관병에 대한 대처 인식이 두드러지게 나타나고 있어 시대적인 요구와 맥을 같이하 는 주제를 중심으로 교육의 목표와 내용을 구성하고 있다.

미국 영양교육에서 교육목표는 영양과 건강의 관련성 이해, 식 행동 의 사회 문화적 측면, 식품의 물리·화학적 특성 식품과 영양 관련 문 제 해결 능력 배양 4개 영역으로 분류하였고 각각의 목표(objective)는 각 교육수준에서 주제를 포함하였으며 각 목적(goal)은 각 학년이나 발달단계에서의 주제를 포함하고 있다. 각 주제(topic)에 대해 영양지식, 태도, 습관의 성취 기대수준을 나타내고 있다. 교육내용으로는 첫째 유치원: 식품과 영양 개념, 활동의 소개. 둘째 K-1: 식품의 수용과 즐거움을 증가시키기 위한 탐험. 셋째 K-2, 3: 식품과 영양에 관련된 기본 개념의 분화. 넷째 K-4～6: 식품과 영양의 사회문화적 측면. 다섯째 K-7～9: 개인과 관련된 영양지식과 기술. 여섯째 K-10～12: 식품과 영양에 관련된 소비자 기술과 같이 다양한 영양교육 주제로 구성하고 있다.

미국의 가정은 선택과목이다. 가정을 선택하지 않을 경우는 식품과 영양에 대하여 배울 기회가 없기 때문에 영양교육 과정이 구체적이고 K-12 국가표준교육과정에 통합하고 있는 것이 특징이다.

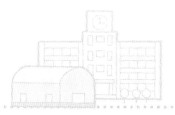

# 제IV장 학교 영양교육
# 내용체계 구성

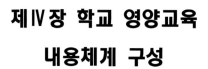

# 1. 델파이 연구

델파이 방법(Delphi)은 '예측하려는 문제에 관하여 전문가들의 견해를 유도하고 종합하여 집단적 판단으로 정리하는 일련의 절차'라고 할 수 있다.

델파이 조사는 동일한 전문가들의 의견을 반복 조사하여 1회성 조사와는 달리 신중하게 합의 하게 되므로 신뢰도가 높은 장점이 있어 교육연구방법으로는 적당한 것으로 알려져 있다.

델파이 방법(Delphi method)은 일반적인 여론조사방법과 협의회방법의 장점을 결합시킨 방법이다. 델파이 패널(Delphi pannel)은 델파이 절차가 반복되는 동안 피드백된 전회의 통계적 집단반응과 소수의견 보고서를 참고하여 다음 회에 자기 판단을 수정 보완할 수 있는 기회를 갖는다는 점이 일반 조사절차와 다르다.

이 방법은 교육발전의 미래예측, 교육의 목적과 목표 설정, 교육과정개발, 교육문제해결, 교수방법개발 등 다양한 연구목적으로 전문가와 교육구성원의 의견을 수집하고 종합하여 집단적 판단으로 정리하는 기술로 이용되고 있다.

델파이 조사에서 패널은 공개되지 않을 뿐만 아니라 상호간에 직접적인 접촉을 하지 않으므로 일반적인 대면토론회에서 있을 수 있는 바람직하지 못한 심리적 효과(band-wagon effect, group noise, halo effect등)를 피할 수 있어 패널의 주관적인 의견을 제시할 수 있는 장점이 있다. 그러나 타인의 영향을 직접적으로 받지는 않지만 3차에서는 간접적인 영향을 받을 수 있다. 합의 델파이는 합의점에 도달할 수 있는 문제 상황과 잘 정의된 문제 상황에 적합하다(이종성, 2001).

델파이 패널은 1차 설문지에서 동의를 얻은 후 2차 이후부터는 동일한 패널이 응답하고 3차에 걸쳐서 델파이 조사를 한다. 델파이법은 익명성, 수정응답, 계량화, 반복성을 특징으로 하는 전문가 조사방법으로 통계적 결과로서 분포의 국외치(outlier)와 중간점을 제시하고 나아가 의견 수렴도를 상·하분위수를 이용하여 제시할 수 있는 장점을 가지고 있다(Chaffin & Talley, 1980).

조사방법은 영양교육과 관련 전문가에게 전자우편, 우편, 전화 등으로 사전에 승낙을 얻는다. 1차 설문조사에서는 각 문항에 대해서 자유롭게 자신의 의견을 밝히도록 하고, 2차 설문조사는 1차 설문지에 응답한 다양한 의견을 연구자가 유형화하여 내용을 구성하며 그 내용에 대하여 합의 정도를 조사한다. 3차 설문조사는 2차 응답지 결과를 통계처리하여 응답자별 중앙치(MD), 사분점 간 범위, 개인응답을 설문지에 표시하여 이에 대해 동의 여부를 묻는다.

고전적으로는 통상 4회(round)에 걸쳐 이루어지나 응답결과의 안정성이 달성되었다고 판단되면 델파이를 멈출 수 있다(신태영, 1995). 델파이 특성은 소수 전문가 패널 구성으로 전문성을 보장하고 – 연구내용이 전문적인 내용이므로 일반인의 의견은 오차가 클 수 있어 전문성을 보장하기 어렵다 – 3차례 반복된 조사는 의견 판단과정을 신중하게 했을 것으로 가정하여 1회성 조사는 신뢰성에 한계가 있으나 여러 차례 반복하기 때문에 신뢰도가 높다고 할 수 있다.

## 2. 델파이 조사

학교교육은 다수를 대상으로 하는 사회적 합의가 필요한 조건이며 체계화된 지식을 가르치는 것이다. 지식체계는 전문가에 의해 구성되어야 하고 교육의 목표나 목적에 근접 할 수 있도록 교육요소와 상호 연계되는 체계가 되어야 한다. 그러나 한국 영양교육의 목표나 내용에 대한 선정연구는 거의 찾아볼 수 없었다. 따라서 우리나라 영양교육 전문가들이 제시하는 영양교육 목표와 내용요소를 알아보기 위하여 델파이 방법을 선택하였다.

앞서 문헌 연구에서 학교 영양교육에 적용할 이론적 틀을 구성하였고, 그 근거로 영양교육 학계와 학교 교육현장의 전문가들이 델파이 조사를 통하여 합의된 영양교육 목표와 내용요소를 구성하였다.

학교 영양교육의 목표와 내용체계에 대한 델파이 조사 분석결과를 기초로 하여 1단계는 전체 수렴의 정도, 2단계로 합의의 정도, 3단계로 긍정적 합의를 이루지 못한 것으로 찬성의 정도 · 수렴의 정도를 중심으로 하였다.

### 가. 델파이 설문내용 선정

현재 영양문제는 오래전부터 누적되어온 결과이고 현재의 식생활 현상은 미래의 영양문제를 예측할 수 있다. 현재 식생활 습관을 개선하는 일은 현재의 영양문제를 해소하는 동시에 미래 영양문제를 예방할 수 있기 때문에 미래 영양문제를 추정하는 것은 본 주제인 영양교육의 목표와 내용을 설정하는 데 기본 자료가 된다. 따라서 미래 영양문제를 설문내용으로 선정하였다.

교육은 사회변화에 따라 요구도가 달라지기 때문에 미래 문제를 정확히 추정하는 것은 교육의 목표 설정에 매우 중요한 지표이기도 하다.

학교에서 영양교육을 체계적으로 하기 위해서는 교육의 목표와 학습내용이 마련되어야 하므로 영양교육 전문가의 의견을 직접 들을 수 있는 델파이 설문 지필형을 선택하고, 미래 지향적인 영양교육을 위해서는 교육의 목표와 내용이 체계적으로 구성되어야 하기 때문에 학교 영양교육 이론연구결과 지식, 기능, 태도, 행동 체계를 구조화하여 설문내용으로 사용하였다.

## 나. 델파이 설문조사

학교교육은 다수를 대상으로 하는 사회적 합의가 필요한 조건이며 체계화된 지식을 가르치는 것이다. 지식체계는 전문가에 의해 구성되어야 하고 교육의 목표나 목적에 근접할 수 있도록 교육요소와 상호 연계되는 체계가 되어야 한다. 그러나 한국 영양교육의 목표나 내용에 대한 선정연구는 거의 찾아볼 수 없었다. 따라서 우리나라 영양교육 전문가들이 제시하는 영양교육 목표와 내용요소를 알아보기 위하여 델파이 방법을 선택하였다.

앞서 문헌 연구에서 학교 영양교육에 적용할 이론적 틀을 구성하였고, 그 근거로 영양교육 학계와 학교 교육현장의 전문가들이 델파이 조사를 통하여 합의된 영양교육 목표와 내용요소를 구성하였다.

학교 영양교육의 목표와 내용체계에 대한 델파이 조사 분석결과를 기초로 하여 1단계는 전체 수렴의 정도, 2단계로 합의의 정도, 3단계로 긍정적 합의를 이루지 못한 것으로 찬성도·수렴의 정도를 중심으로 논의하였다.

## 3. 델파이 설문조사 결과

### 가. 델파이 1차 조사

1차 델파이 응답 내용은 주요 항목별로 정리 요약한 후 결론에서 논의하였다. 그중 '영양문제를 예방하기 위해 현재 해야 할 일'에 대한 자료는 처리결과 그 범위와 분량이 너무 많아 사용하지 못하고 제외하였으며 영양교육의 목표와 내용에 대한 자료를 중심으로 처리하였다. 자세한 결과 처리 과정은 <표 Ⅳ-1>, <표 Ⅳ-2>, <표 Ⅳ-3>, <표 Ⅳ-4>의 순서로 정리하였고 <표 Ⅳ-5>과 같이 유목화하였다. 그 결과는 2차 설문내용으로 사용하였다.

연구의 주제인 영양교육 목표와 내용의 유목화를 위하여 영양교육 목표 의견을 <표 Ⅳ-1>같이 요약하였고, 교육내용은 <표 Ⅳ-2>와 같이 공통요인별로 유목화하였다. 그 결과 <표 Ⅳ-5>은 2차 설문지 작성에 사용되었다. 응답 내용이 중복된 것은 제외하였고, 같은 의견들은 모아 가급적 응답자 표현이 그대로 나타날 수 있도록 하였으며 응답자 의견이 누락되지 않도록 하였다.

〈표 Ⅳ-1〉 1차 델파이 조사결과 교육목표 요약

| 목표 | 응답자의 의견 요약 |
|---|---|
| 행동 | ·**올바른 식습관 형성과 건강한 생활 실천**으로 삶의 질 향상<br>·올바른 식생활을 실천에 옮길 수 있는 실천교육, 생활교육의 장이 되어야 한다<br>·균형 잡힌 식생활을 영위할 수 있도록 한다<br>·건전한 식습관을 형성으로 평생건강의 틀을 구축한다<br>·건강생활의 실천 (추구)/건강유지 증진한다<br>·동기를 부여할 수 있도록 흥미롭게, 재미있게 교과과정 구성한다<br>·식사예절 함양<br>·**급식환경**을 통해 올바른 식습관, 식행동을 습득하게 한다 |
| 태도 | ·**바른 식품 선택 능력 배양**한다<br>·태도변화, 잘못된 식습관을 수정한다<br>·영양교육 강화한다<br>·영양 관련 이슈에 관한 토론 활성화한다<br>·식생활과 환경오염(보존) 이해한다 |
| 기능 | ·**영양문제의 예방 및 개선하기**<br>·질병예방을 위한 식생활 태도 함양(식사관리)한다<br>·비만예방 및 적정체중 유지한다<br>·식사에 대한 합리적 의사결정 능력<br>·성장기의 학생들이 필요한 영양소의 섭취의 중요성을 안다<br>·영양이 우리인체의 건강에 미치는 영향을 분석<br>·기본 조리 능력 배양(반찬을 만들 수 있다)한다<br>·바람직한 체형(특히 여학생)을 분석한다.<br>·건강체중을 바르게 안다<br>·균형 잡힌 식단작성능력 배양한다. |
| 지식 | ·**학생들 스스로 식생활 조절할 수 있는 관리능력 함양**<br>·**영양 및 건강한 식생활에 관한 이해 및 정보제공하기**<br>·영양지식 전달하여 바람직한 식행동 유발하도록 판단능력 키운다<br>·균형식의 중요성의 이해와 실천(편식방지)한다<br>·운동과 영양소 섭취에 대한 이해로 건강한 식생활 행동을 유지한다<br>·합리적인 식생활에 필요한 지식과 기능을 습득하여 건강한 식생활에 적용토록 한다<br>·식품가공과 위생에 대하여 이해한다<br>·하루의 식품구성을 안다<br>·영양소에 대한 이해한다<br>·**다양한 문화권의 음식 및 식사예절에 대한 지식 습득한다** |
| 기타 | ·국민건강 증진 및 국가 식량 정책 이바지 |

### 〈표 Ⅳ-2〉 1차 델파이 조사결과 교육내용 요약

| 목표체계 | 영 역 | 교 육 내 용 |
|---|---|---|
| 행 동 | 영 양 | ·식생활(식단)계획 및 평가 관리<br>· 건강 유지를 위한 식사<br>·실천 가능한 식행동 수정의 목표를 설정하고 실천하기<br>·개인에게 필요한 식이요법 시도: 행동수정<br>·기초 식품군과 적정량을 고려하여 섭취 |
| | 식 품 | ·식품의 선택과 다루기: 구매, 보관 등에서 바른 실천<br>·식품계량 습관 실천<br>·식품 구매 시 표시 읽기<br>·식품의 낭비방지 |
| | 조 리 | ·음식 만들기<br>·상차리기<br>·조리실습 및 평가 |
| | 식생활<br>관 리 | ·올바른 식습관 실행: 과식 안하기, 음식 천천히 먹기, 편식 안 하기 등<br>·외식선택방법의 실천<br>·다양한 식품 골고루 섭취하기<br>·위생적인 식습관 실천 |
| | 식문화 | ·음식에 따른 식사방법<br>·식사예절 체험<br>·건전한 식사문화 만들기<br>·식생활 문화(외식문화 형성) |
| | 기 타 | ·체력증진방안 수립<br>·운동 |
| 태 도 | 영 양 | ·건강유지를 위한 올바른 식사법과 태도 형성<br>·식사관리 및 평가(바람직한 식사)<br>·내게 필요한 영양소 판단하기 |
| | 식 품 | ·식품 구매 시 식품 선택의 결정요인 고려하여 구매-구매능력<br>·식품의 낭비와 환경문제 인식 |
| | 조 리 | |
| | 식생활<br>관 리 | ·올바른 식습관 태도 형성<br>·자신의 식생활에 대한 관심증대<br>·외식 시 균형식 고려하는 태도<br>·계획적인 식생활<br>·식생활과 연관하여 태도 수정 내용 구성<br>·영양, 조리 등을 통한 건강관리<br>·식사법에 대한 기술 |
| | 식문화 | ·식사예절(감사하는 마음 갖기)<br>·식생활과 도덕심, 인간존중 |
| | 기 타 | |

| 목표체계 | 영 역 | 교 육 내 용 |
|---|---|---|
| 기 능 | 영 양 | ·영양과 질병과의 관계<br>·청소년기 식습관과 영양문제<br>·그릇된 영양지식의 위험성<br>·영양권장량과 필수 영양소<br>·식이요법 |
| | 식 품 | ·올바른 식품의 선택<br>·식품의 배합<br>·식품가공방법과 원리<br>·식품보관 및 저장<br>·식품 다루기<br>·식품의 표시 읽기<br>·간편한 식품(가공식품) 이용법 |
| | 조 리 | ·조리 실습(기초, 조리순서, 계량방법, 조리기구 다루기)<br>·조리방법에 따른 식품의 변화<br>·저장방법에 따른 식품의 변화 |
| | 식생활<br>관 리 | ·식생활의 진단(균형식, 질병예방, 건강체중유지에 관련)<br>·식사계획능력(외식, 간식포함) 및 식생활 관리능력<br> (간편한 식품 이용 등)<br>·영양문제에 따른 대처방안(실천방안)<br>·영양, 조리 등을 통한 건강관리<br>·식사법에 대한 기술 |
| | 식문화 | ·중요한 식문화 계승 조리실습 |
| | 기 타 | ·예방의학 |
| 지 식 | 영 양 | ·영양소의 중요성 알기: 영양소의 개념, 종류, 기능<br> (영양지식의 이해)<br>·영양소와 인체대사(생리), 소화흡수<br>·식생활과 건강과의 관계 알기 |
| | 식 품 | ·식품성분과 영양소 알기: 식품군, 에너지, 영양량 등<br>·식품의 특성, 관리방법 알기<br>·신선한 식품 구별하기: 식품위생, 식중독 |
| | 조 리 | |
| | 식생활<br>관 리 | ·균형식에 필요한 지식 알기: 식품군별 공급되는 에너지 및 영양량을<br> 안다, 식품 구성탑, 식사 구성안<br>·1인 한 끼 섭취분량 알기: 하루 식품구성(식품배합과 영양)<br>·영양정보 판단하기: 식품 영양정보를 이해한다 |
| | 식문화 | ·우리나라 식생활 발달과정<br>·우리나라 식생활 문화와 여러 나라의 식생활 문화 이해<br>·전통식품의 우수성 알기 |
| | 기 타 | ·식생활과 도덕심 함양<br>·인간존중 정신 함양<br>·식량자원과 환경<br>·실생활에 밀접한 교육(환경오염이나 유전자조작 식품문제 등) |

1) 교육목표

학교 영양교육의 목표는 관련 문헌과 이론을 참고하여 행동, 태도 (가치), 기능(기술), 지식체계를 구성하고 다음과 같이 정리하였다. 그 이유는 영양교육의 지식, 태도, 행동이론(KAB)은 영양문제 해결 기능이 포함되지 않았고, 교육목표 이론은 지식, 기능. 태도 체계로 행동체계가 포함되지 않았다. 따라서 영양교육은 궁극적으로 행동의 변화를 목표로 하기 때문에 교육목표이론에 행동체계를 보완하였으며, 영양교육 일반 이론에 영양문제 해결 기능을 보완하여 행동, 태도, 기능, 지식체계로 구성하였다.

학교 영양교육 목표 선정은 행동, 태도, 기능, 지식 영역별로 해당되는 교육내용들을 묶어 정리해보니 대체적으로 학습목표나 단원목표 수준으로 제시한 것이 많았다. 따라서 교육목표의 개념이 가장 넓은 의견 순으로 즉 대목표, 하위목표, 학습목표 수준에 해당하는 의견을 단계별로 묶어 정리하였고, 그중 개념이 가장 넓은 의견을 대목표로 2개 영역을 선정하였다. 그 하위목표는 학습목표에 해당하는 주된 의견들을 묶어 포함하고 행동, 태도, 기능, 지식체계별 목표에 부합하도록 적절하게 표현하였다. 그러나 학습목표나 단원목표에 해당하는 소목표 의견들은 사용하지 않았다. 개인이 연구하기에 너무 많은 분량이기 때문에 제외하였다.

학교 영양교육의 대목표는 개인의 행동을 중심으로 하는 영역과 식행동의 결정요인으로 작용하는 사회 문화 환경적인 영역 즉 두 영역으로 분류하고, 그 내용으로서 식생활 영역은 개인 차원의 식생활 관리로 식문화 영역은 사회문화 환경을 식환경 영역으로 설정하였다. 구체적으로 대목표 중 제Ⅰ목표는 '학생들 스스로 식생활을 조절할 수 있는 관리능력 함양', 제Ⅱ목표로는 '음식문화 및 식사예절에 대한 이해로 식문화 발전하기'로 하였으며 그 하위목표는 행동목표, 태도목표, 기능목표, 지식목표 체계로 구성하였다. 이렇게 처리된 결과는 <표 IV -3>와 같다.

〈표 IV-3〉 1차 델파이 교육목표 유목화

| 교육의 목표 | 하 위 목 표 | |
|---|---|---|
| 제I목표<br>학생들 스스로 식생활을 조절할 수 있는 관리능력 함양 | 행동 | 올바른 식습관 형성으로 건강한 생활을 실천할 수 있다 |
| | 태도 | 올바른 식사 선택에 대한 긍정적 태도를 가질 수 있다 |
| | 기능 | 식생활이 가져 올 수 있는 여러 가지 문제들을 예방하고 개선할 수 있다 |
| | 지식 | 건강과 영양과의 관계를 이해할 수 있다 |
| 제II목표<br>음식문화 및 식사예절에 대한 이해로 식문화 발전하기 | 행동 | 건전한 식생활 문화를 형성할 수 있다 |
| | 태도 | 올바른 식생활 가치를 갖도록 할 수 있다 |
| | 기능 | 다양한 우리의 식생활 문화를 계승할 수 있다 |
| | 지식 | 우리나라와 다른 나라의 식생활 문화를 이해할 수 있다 |

## 2) 교육 내용

학교 영양교육 내용은 지식, 기능, 태도, 행동 목표 체계별로 정리하여 영양, 식품, 조리, 식생활 관리, 식문화 5대 영역으로 분류하여 구성하였다. 그 영역 분류는 선행연구(이일화: 1987, 전현주 · 윤인경: 1991, 장현숙 · 조필교: 1995, 홍은정 · 백희영: 1996)를 참고하였다. 요약된 내용은 <표 IV-2>와 같다. 교육내용을 요약할 때 제시된 내용이 누락되지 않도록 하였고 동일한 내용은 모두 묶어 유목화하였다. 그 결과는 <표 IV-4>와 같으며, 그 결과를 하위목표체계 내용에도 적합한 문장으로 작성하였다.

## 〈표 Ⅳ-4〉1차 델파이 교육내용의 유목화

| 교 육 영 역 | | 교 육 내 용 |
|---|---|---|
| 행동 | 영양 | 1. 실천 가능한 식행동 수정의 목표 설정하기<br>2. 식행동 선태기준과 사회 심리적 요소를 포함한 균형 잡힌 식사습관 형성<br>3. 적정 영양량 섭취하기 |
| | 식품 | 1. 식품의 선택과 다루기 등<br>2. 식품 계량습관 익히기<br>3. 즉석식품 선택 바르게 하기 |
| | 조리 | 1. 건강한 식사 준비하기<br>2. 조리실습 및 평가하기 |
| | 식생활 관리 | 1. 실천 가능한 식행동 실천하기<br>2. 외식선택방법의 실천<br>3. 식사일지 작성과 평가 |
| 태도 | 영양 | 1. 건강유지를 위한 올바른 태도 형성<br>2. 내게 필요한 영양소 중요성 인식 |
| | 식품 | 1. 올바른 식품 선택 및 식품표시 읽기의 중요성 |
| | 식생활 관리 | 1. 올바른 식습관 태도, 가치형성 |
| 기능 | 영양 | 1. 성장단계별 영양의 특징<br>2. 식생활과 영양문제 인식하기 |
| | 식품 | 1. 가공(간편)식품의 올바른 이용방법<br>2. 안전한 식품 관리방법 |
| | 식생활 관리 | 1. 영양소 섭취실태 알아보기<br>2. 영양문제에 따른 대처(실천)방안<br>3. 건강한 식생활 습관 알기<br>4. 건강한 미래를 위한 식사법 알기 |
| 지식 | 영양 | 1. 영양의 중요성 알기<br>2. 영양소와 인체대사, 소화흡수<br>3. 식생활과 건강과의 관계 알기 |
| | 식품 | 1. 식품성분과 영양소 알기<br>2. 식품의 특성, 관리방법 알기<br>3. 신선한 식품 구별하기 |
| | 식생활 관리 | 1. 균형식에 필요한 지식 알기<br>2. 1인 한 끼 섭취분량 알기<br>3. 영양정보 판단하기 |
| 행동 | 식문화 | 1. 건전한 식사문화 만들기<br>2. 식사예절 익히기 |
| 태도 | | 1. 여러 나라의 식사예절 알기<br>2. 식품의 낭비와 환경문제 알기 |
| 기능 | | 1. 전통 음식 맛보기<br>2. 전통 음식의 조리 및 상차리기 |
| 지식 | | 1. 우리나라의 식생활의 특징<br>2. 전통식품의 우수성 알기<br>3. 여러 나라의 음식문화 알기 |

 학교 영양교육의 대목표 2개와 그 하위목표를 4단계로 체계화하고 교육내용을 체계별, 영역별로 구성하였으며 교육내용이 하위목표를 충족하는지, 대목표를 달성할 수 있는지를 전체적으로 검토하고 조정하여 다음의 <표 Ⅳ-5>과 같이 전체 3단계로 유목화하였다. 그 결과를 2차 설문지 내용으로 사용하여 교육의 목표와 내용을 제시하였다.

〈표 Ⅳ-5〉 1차 델파이 교육목표와 내용의 유목화

| 교육 목적 | 하위 목표 | | 교 육 내 용 |
|---|---|---|---|
| 제Ⅰ목표<br><br>학생들 스스로 식생활을 조절할 수 있는 관리능력 함양 | 1. 올바른 식습관 형성으로 건강한 생활 실천하기 | 영양 | 1. 실천 가능한 식행동 수정의 목표 설정하기<br>2. 식행동 선태기준과 사회 심리적 요소를 포함한 균형 잡힌 식사습관 형성<br>3. 적정 영양량 섭취하기 |
| | | 식품 | 1. 식품의 선택과 다루기 등<br>2. 식품 계량습관 익히기<br>3. 즉석식품 선택 바르게 하기 |
| | | 조리 | 1. 건강한 식사 준비하기<br>2. 조리실습 및 평가하기 |
| | | 식생활 관리 | 1. 실천 가능한 식행동 실천하기<br>2. 외식선택방법의 실천<br>3. 식사일지 작성과 평가 |
| | 2. 올바른 식사 선택에 대한 긍정적인 태도 갖기 | 영양 | 1. 건강유지를 위한 올바른 태도 형성<br>2. 내게 필요한 영양소 중요성 인식 |
| | | 식품 | 1. 올바른 식품 선택 및 식품표시 읽기의 중요성 |
| | | 식생활 관리 | 1. 올바른 식습관 태도, 가치형성 |
| | 3. 영양문제 예방 및 개선하기 | 영양 | 1. 성장단계별 영양의 특징<br>2. 식생활과 영양문제 인식하기 |
| | | 식품 | 1. 가공(간편)식품의 올바른 이용방법<br>2. 안전한 식품 관리방법 |
| | | 식생활 관리 | 1. 영양소 섭취실태 알아보기<br>2. 영양문제에 따른 대처(실천)방안<br>3. 건강한 식생활 습관 알기<br>4. 건강한 미래를 위한 식사법 알기 |
| | 4. 건강과 영양과의 관계 이해에 필요한 지식 습득하기 | 영양 | 1. 영양의 중요성 알기<br>2. 영양소와 인체대사, 소화흡수<br>3. 식생활과 건강과의 관계 알기 |
| | | 식품 | 1. 식품성분과 영양소 알기<br>2. 식품의 특성, 관리방법 알기<br>3. 신선한 식품 구별하기 |
| | | 식생활 관리 | 1. 균형식에 필요한 지식 알기<br>2. 1인 한 끼 섭취분량 알기<br>3. 영양정보 판단하기 |

| 교 육 목 표 | 하위 목표 | 교 육 내 용 |
|---|---|---|
| 제Ⅱ목표<br><br>음식문화 및 식사예절에 대한 이해로 식문화 발전하기 | 1. 식생활 문화 익히기 | 1. 건전한 식사문화 만들기<br>2. 식사예절 익히기 |
| | 2. 식사예절 | 1. 여러 나라의 식사예절 알기<br>2. 식품의 낭비와 환경문제 알기 |
| | 3. 식생활 문화 계승 | 1. 전통 음식 맛보기<br>2. 전통 음식의 조리 및 상차리기 |
| | 4. 식생활 문화 의 이해 | 1. 우리나라의 식생활의 특징<br>2. 전통식품의 우수성 알기<br>3. 여러 나라의 음식문화 알기 |

## 나. 델파이 2차 · 3차 조사

### 1) 교육목표에 대한 수렴도

조사 참여자 간의 합의 정도를 각 영역의 범주별로 알아보았으며 그 결과는 <표 Ⅳ-6>, <표 Ⅳ-7>, <표 Ⅳ-8>과 같다. 학교 영양교육의 목표에 대하여는 2차 델파이에 비하여 3차 델파이의 합의 정도(표준편차)가 대체로 높게 나타났다. 그리고 집단 간의 합의 정도를 집단 간의 평균점수 변량분석결과, 전체 수렴도는 모든 항목에서 평균 4점 이상으로 매우 높게 나타났으며, 합의 정도는 건강과 영양과의 관계 이해 4.7이고, 영양문제 예방 4.58, 건강한 생활 실천 4.58, 식사 선택에 대한 긍정적 태도 4.5, 건전한 식생활 문화 형성 4.25, 식생활 가치 4.2, 식생활 문화 이해 4.13, 식생활 문화 계승 3.93의 순으로 동의 정도를 나타내었는데, 이는 목표 Ⅰ에 해당하는 항목들이 우선하였고 목표 Ⅱ에 해당하는 음식문화 및 식사예절 이해로 식문화 발전 항목 순으로 동의의 정도를 <표 Ⅳ-9>에 나타내었다.

3차 표준편차가 2차 표준편차보다 감소하여 합의가 유도된 것은 8항목 중 4항목으로 나타났으며 4개 항목은 유도되지 않은 것으로 나타났다. 그 외 평균이 오른 항목, 표준편차가 줄어든 항목, 평균 4.0 이상의 높은 동의를 보여준 항목, 일원분산분석결과 수렴에 이른 항목에서 모두 제외된 항목은 없었다. 그러나 동시에 모두 만족되어 유의미한 결과를 보인 항목은 전체 수렴도에서 합의된 4항목으로 영양문제 예방개선, 식생활 문화의 이해, 식생활 문화의 계승, 식생활 가치의 항목이었다.

전체 항목의 수렴도는 매우 높았으며 몇 가지 항목은 표준편차를 좁히지는 못 하였으나 그 항목은 4.5 이상으로 합의 정도 순위가 1, 3, 4위로 높게 나타났다.

<표 Ⅳ-6> 학교 영양교육에 대한 델파이 분석

| 구 분 | | 2차 델파이 결과 | | 3차 델파이 결과 | |
|---|---|---|---|---|---|
| | | 평균 | 표준편차 | 평균 | 표준편차 |
| Ⅰ-1. 학생들 스스로 식생활을 조절할 수 있는 관리능력을 함양한다. | 1-1. 올바른 식습관 형성으로 건강한 생활을 실천할 수 있다. | 4.53 | .55 | 4.58 | .64 |
| | 1-2. 올바른 식사 선택에 대한 긍정적 태도를 가질 수 있다. | 4.53 | .60 | 4.50 | .68 |
| | 1-3. 식생활이 가져 올 수 있는 여러 가지 문제들을 예방하고 개선할 수 있다. | 4.50 | .68 | 4.58 | .68 |
| | 1-4. 건강과 영양과의 관계를 이해할 수 있다. | 4.65 | .48 | 4.70 | .56 |
| Ⅰ-2. 음식문화 및 식사예절에 대한 이해로 식문화를 발전시킬 수 있다. | 2-1. 건전한 식생활 문화를 형성할 수 있다. | 4.33 | .53 | 4.25 | .63 |
| | 2-2. 올바른 식생활 가치를 갖도록 할 수 있다. | 4.08 | .97 | 4.20 | .69 |
| | 2-3. 다양한 우리의 식생활 문화를 계승할 수 있다. | 3.93 | .76 | 3.93 | .69 |
| | 2-4. 우리나라와 다른 나라의 식생활 문화를 이해 할 수 있다. | 4.13 | .76 | 4.13 | .56 |

※ 3차 델파이 응답의 표준편차 중에서 진한 부분이 2차 대비 긍정적인 합의결과를 표시

긍정적으로 합의하지 못한 하위목표 '건전한 식생활 문화를 형성할 수 있다'에 대하여 민족고유 음식은 전통문화의 하나이며 민족의 소중한 재산이다. 민족고유의 음식을 계승 발전시키기 위해서는 성인뿐 아니라 청소년의 인식이 중요한 의미를 갖는다. 청소년 시기는 신체적인 성장과 더불어 가치관이 형성되는 시기이며, 이때 형성된 식품에 대한 인식은 미래의 본인뿐 아니라 미래 가족의 식생활에도 영향을 준다고 한다. 따라서 건전한 식생활 문화를 형성하는 것은 건전한 식문화를 계속 이어지기 위한 새로운 창조이기도 하기 때문에 건전한 식생활 문화를 만들어야 한다. 따라서 건전한 식생활 습관을 형성할 수 있도록 지도하여야 한다.

## 2) 교육목표에 대한 집단 간 수렴도

학교 영양교육 목표에 대하여 학생들 스스로 식생활을 조절할 수 있는 관리능력을 함양한다에서 일원분산분석으로 추정한 델파이 패널 구성원 집단 간의 수렴 정도는 <표 Ⅳ-7>에서 보는 바와 같이 2차 델파이에서 '식생활이 가져올 수 있는 여러 가지 문제들을 예방하고 개선할 수 있다' 항목이 집단 간의 의견이 수렴되지 않았을 뿐, 모든 항목이 수렴되었다. 그러나 3차에서는 합의하여 수렴된 것으로 나타났다. 수렴이 정도에서 분석결과가 유의미한 값을 갖기 위해서는 2차와 3차 모두 유의수준 5%에서 0.05값보다 크거나, 적어도 3차에서 .05값보다 커야 한다.

〈표 Ⅳ-7〉 학생들 스스로 식생활을 조절할 수 있는 관리능력을 함양한다.

| 구　　분 | | 2차 델파이 결과 | | | | | 3차 델파이 결과 | | | | |
|---|---|---|---|---|---|---|---|---|---|---|---|
| | | 제곱합 | 자유도 | 제곱평균 | F값 | 유의도 | 제곱합 | 자유도 | 제곱평균 | F값 | 유의도 |
| 1-1. 올바른 식습관 형성으로 건강한 생활을 실천할 수 있다. | 집단 간 | .171 | 2 | .085 | | | .043 | 2 | .021 | | |
| | 집단 내 | 11.804 | 37 | .319 | .269 | .766 | 15.732 | 37 | .425 | .051 | .950 |
| | 계 | 11.975 | 39 | | | | 15.775 | 39 | | | |
| 1-2. 올바른 식사 선택에 대한 긍정적 태도를 가질 수 있다. | 집단 간 | .171 | 2 | .085 | | | .330 | 2 | .165 | | |
| | 집단 내 | 13.804 | 37 | .373 | .230 | .796 | 17.670 | 37 | .478 | .345 | .710 |
| | 계 | 13.975 | 39 | | | | 18.000 | 39 | | | |
| 1-3. 식생활이 가져 올 수 있는 여러 가지 문제들을 예방하고 개선할 수 있다. | 집단 간 | 3.109 | 2 | 1.554 | | | 1.621 | 2 | .810 | | |
| | 집단 내 | 14.891 | 37 | .402 | 3.86 | .030 | 16.154 | 37 | .437 | 1.856 | .171 |
| | 계 | 18.000 | 39 | | | | 17.775 | 39 | | | |
| 1-4. 건강과 영양과의 관계를 이해할 수 있다. | 집단 간 | .428 | 2 | .214 | | | .409 | 2 | .204 | | |
| | 집단 내 | 8.672 | 37 | .234 | .913 | .410 | 11.991 | 37 | .324 | .631 | .538 |
| | 계 | 9.100 | 39 | | | | 12.400 | 39 | | | |

※ 2차와 3차 델파이 응답의 유의도 중에서 진한 부분이 집단 간 수렴이 안 된 것을 의미한다($p<.05$)

　다음은 학교 영양교육 목표에 대하여 음식문화 및 식사예절에 대한 이해로 식문화를 발전시킬 수 있다에서 일원분산분석으로 추정한 델파이 패널 구성원 집단 간의 수렴 정도는 <표 Ⅳ-8>에서 보는 바와 같이 2차 델파이에서 우리나라와 다른 나라의 식생활 문화를 이해할 수 있다 항목이 집단 간의 의견이 수렴되지 않았으나 3차에서는 합의를 이룬 것으로 나타났으며 모든 항목이 수렴되었다.

### 〈표 Ⅳ-8〉 음식문화와 식사예절을 통한 식문화 발전

| 구 분 | | 2차 델파이 결과 | | | | | 3차 델파이 결과 | | | | |
|---|---|---|---|---|---|---|---|---|---|---|---|
| | | 제곱합 | 자유도 | 제곱평균 | F값 | 유의도 | 제곱합 | 자유도 | 제곱평균 | F값 | 유의도 |
| 2-1.<br>건전한 식생활 문화를 형성할 수 있다. | 집단 간 | .257 | 2 | .129 | .453 | .639 | .049 | 2 | .024 | .059 | .943 |
| | 집단 내 | 10.518 | 37 | .284 | | | 15.451 | 37 | .418 | | |
| | 계 | 10.775 | 39 | | | | 15.500 | 39 | | | |
| 2-2.<br>올바른 식생활 가치를 갖도록 할 수 있다. | 집단 간 | 4.024 | 2 | 2.012 | 2.273 | .117 | .149 | 2 | .074 | .151 | .860 |
| | 집단 내 | 32.751 | 37 | .885 | | | 18.251 | 37 | .493 | | |
| | 계 | 36.775 | 39 | | | | 18.400 | 39 | | | |
| 2-3.<br>다양한 우리의 식생활 문화를 계승할 수 있다. | 집단 간 | 1.857 | 2 | .929 | 1.643 | .207 | .094 | 2 | .047 | .093 | .911 |
| | 집단 내 | 20.918 | 37 | .565 | | | 18.681 | 37 | .505 | | |
| | 계 | 22.775 | 39 | | | | 18.775 | 39 | | | |
| 2-4.<br>우리나라와 다른 나라의 식생활 문화를 이해할 수 있다. | 집단 간 | 5.624 | 2 | 2.812 | 6.211 | .005 | .608 | 2 | .304 | .956 | .394 |
| | 집단 내 | 16.751 | 37 | .453 | | | 11.767 | 37 | .318 | | |
| | 계 | 22.375 | 39 | | | | 12.375 | 39 | | | |

※ 2차와 3차 델파이 응답의 유의도 중에서 진한 부분이 집단 간 수렴이 안 된 것을 의미한다($p<.05$)

## 3) 교육목표에 대한 합의 정도 순위

델파이 응답자들 간의 합의 정도를 알아보기 위하여 분산비에 의한 F값을 측정한 결과 학교 영양교육목표에 대한 수렴의 정도는 <표 Ⅳ-9>와 같다.

목표의 합의 정도에서는 목표 Ⅰ의 지식목표인 건강과 영양과의 관계를 이해할 수 있다가 4.70으로 가장 높게 나타났으며 가장 낮은 항목으로는 목표 Ⅱ의 기능목표로 다양한 우리의 식생활 문화를 계승할 수 있다로 3.93으로 나타났다. 제Ⅰ목표 모든 항목이 제Ⅱ목표 항목보다 합의도가 높아 그 중요도를 나타내었다.

〈표 Ⅳ-9〉 3차 델파이의 영양교육목표에 나타난 각 항목별 합의 정도의 순위

| 구　　　분 | 점수 |
|---|---|
| 1. 지식: 건강과 영양과의 관계를 이해할 수 있다 | 4.70 |
| 2. 기능: 식생활이 가져올 수 있는 여러 가지 문제들을 예방할 수 있다 | 4.58 |
| 3. 행동: 올바른 식습관 형성으로 건강한 생활을 실천할 수 있다 | 4.58 |
| 4. 태도: 올바른 식사 선택에 대한 긍정적 태도를 가질 수 있다 | 4.50 |
| 5. 행동: 건전한 식생활 문화를 형성할 수 있다 | 4.25 |
| 6. 태도: 올바른 식생활 가치를 갖도록 할 수 있다 | 4.20 |
| 7. 지식: 우리나라와 다른 나라의 식생활 문화를 이해 할 수 있다 | 4.13 |
| 8. 기능: 다양한 우리의 식생활 문화를 계승할 수 있다 | 3.93 |

　　일부 전문가 패널은 교육목표가 너무 포괄적이므로 교육방법에 따라 효과가 다르다는 것과 아동스스로 '예방, 개선'한다는 목표는 비현실적이라는 의견이 있었는데, 자기주도적 교육, 학습이라 함은 영양문제에 있어서 자기영양관리 기능교육. 훈련으로 영양지식과 가치를 통하여 영양문제 해결, 의사결정, 정보처리, 의사소통, 비판적 사고력 등의 기술이나 기능을 보유하여야 실행할 수 있을 것이다. 그것은 수준별 교육방법에 따른 프로그램 구성 시 학습목표에서 논의하여 조정할 수 있는 문제로 생각된다.

　　초·중·고등학교의 영양교육 목표가 수준별로 정립되어야 한다고 의견을 개진하였다. 그리고 음식문화 및 식사예절 부분이, 저학년에게는 추상적이고 적용이 어려우므로 연령별 조정이 필요하다고 하였고 대부분의 패널들은 교육에서는 지식, 태도도 중요하지만 이보다는 기능, 실제 행동을 유도할 수 있는 교육이 되어야 한다고 하였다.

## 4) 교육 내용에 대한 수렴도

학교 영양교육 내용구조에 대하여는 전체적으로 수렴도의 정도가 평균 4점 이상으로 매우 높게 나타났으며, 2차 델파이에 비해 3차 델파이의 표준편차가 감소하여 유의미한 결과를 보인 항목은 41개 항목 중 27개 항목이었다. 또한 조사 참여자간의 합의 정도를 각 영역별로 알아보았으며 그 결과는 <표 Ⅳ-10>, <표 Ⅳ-11>과 같다.

집단 간의 수렴 정도는 모든 항목에서 합의를 하였으나 지식 위주의 항목에서 식품의 특성, 관리방법 알기와 영양정보 판단하기를 제외한 7항목이 완전한 합의를 이루지 못하였다. 특히 목표 1에서 영양소와 인체 대사, 소화 흡수의 항목은 일반 교과의 학습목표라고 생각하여 단편적인 지식 전달로 흐를 가능성을 제기하였다. 대사까지는 몰라도 된다고 생각하는 이유는 실천이 중심이 되기 때문이라고 하여 패널 간의 논쟁의 여지를 남겨 재고해야 할 항목이다. 교육의 하위목표에 나타난 영역별 내용구성에 대한 동의 정도는 행동, 태도, 기능, 지식 영역으로 나누어 보아 각 영역에서의 동의 강도를 보았으며 <표 Ⅳ-20>와 같다. 대체로 지식보다는 실천 태도 기능에 합의를 이루는 경향을 나타내었다.

〈표 Ⅳ-10〉 학교 영양교육의 하위목표에 따른 내용구성에 대한 분석결과

| 구 분 | | | 2차 델파이 결과 | | 3차 델파이 결과 | |
|---|---|---|---|---|---|---|
| | | | 평균 | 표준편차 | 평균 | 표준편차 |
| Ⅱ-1. 올바른 식습관 형성으로 건강한 생활 실천하기 | ① 영양 | 1. 실천 가능한 식행동 수정의 목표 설정하기 | 4.15 | .92 | 4.20 | .65 |
| | | 2. 식행동 선택기준과 사회 심리적 요소를 포함한 균형 잡힌 식사습관 형성 | 4.10 | .98 | 4.15 | .62 |
| | | 3. 적정 영양량 섭취하기 | 4.15 | 1.12 | 4.23 | .70 |
| | ② 식품 | 1. 식품의 선택과 다루기 등 | 4.28 | .60 | 4.25 | .54 |
| | | 2. 식품 계량습관 익히기 | 4.00 | .75 | 4.00 | .64 |
| | | 3. 즉석식품 선택 바르게 하기 | 4.30 | .61 | 4.28 | .60 |
| | ③ 조리 | 1. 건강한 식사 준비하기 | 4.15 | .92 | 4.23 | .66 |
| | | 2. 조리실습 및 평가하기 | 4.15 | .98 | 4.18 | .68 |
| | ④ 식생활 관리 | 1. 실천 가능한 식행동 실천하기 | 4.53 | .91 | 4.58 | .64 |
| | | 2. 외식선택방법의 실천 | 4.63 | .54 | 4.60 | .63 |
| | | 3. 식사일지 작성과 평가 | 4.00 | .78 | 3.98 | .62 |
| Ⅱ-2. 올바른 식사 선택에 대한 긍정적인 태도를 가질수 있다 | ① 영양 | 1. 건강유지를 위한 올바른 태도 형성 | 4.43 | .64 | 4.38 | .67 |
| | | 2. 내게 필요한 영양소 중요성 인식 | 4.33 | .92 | 4.30 | .69 |
| | ② 식품 | 1. 올바른 식품 선택 및 식품 표시 읽기의 중요성 인식 | 4.53 | .68 | 4.55 | .64 |
| | ③ 식생활 관리 | 1. 올바른 식습관 태도, 가치형성 | 4.35 | .98 | 4.45 | .64 |
| Ⅱ-3. 영양문제 예방 및 개선하기 | ① 영양 | 1. 성장단계별 영양의 특징 | 4.13 | .56 | 4.08 | .47 |
| | | 2. 식생활과 영양문제 인식하기 | 4.80 | .41 | 4.75 | .59 |
| | ② 식품 | 1. 가공(간편)식품의 올바른 이용방법 | 4.33 | .66 | 4.35 | .62 |
| | | 2. 안전한 식품 관리방법 | 4.30 | .61 | 4.28 | .60 |
| | ③ 식생활 관리 | 1. 영양소 섭취실태 알아보기 | 3.93 | .69 | 4.00 | .64 |
| | | 2. 영양문제에 따른 대처(실천)방안 | 4.68 | .57 | 4.58 | .68 |
| | | 3. 건강한 식생활 습관 알기 | 4.68 | .53 | 4.55 | .68 |
| | | 4. 건강한 미래를 위한 식사법 알기 | 4.18 | .75 | 4.20 | .69 |
| Ⅱ-4. 건강과 영양 과의 관계 이해에 필요한 지식 습득하기 | ① 영양 | 1. 영양의 중요성 알기 | 4.73 | .45 | 4.60 | .67 |
| | | 2. 영양소와 인체대사, 소화 흡수 | 4.15 | .66 | 4.10 | .67 |
| | | 3. 식생활과 건강과의 관계 알기 | 4.65 | .48 | 4.63 | .67 |
| | ② 식품 | 1. 식품성분과 영양소 알기 | 4.45 | .55 | 4.35 | .62 |
| | | 2. 식품의 특성, 관리방법 알기 | 4.18 | .55 | 4.15 | .53 |
| | | 3. 신선한 식품 구별하기 | 4.23 | .62 | 4.30 | .65 |
| | ③ 식생활 관리 | 1. 균형식에 필요한 지식 알기 | 4.78 | .42 | 4.80 | .56 |
| | | 2. 1인 한 끼 섭취분량 알기 | 4.48 | .72 | 4.58 | .75 |
| | | 3. 영양정보 판단하기 | 4.35 | .92 | 4.48 | .64 |

※ 3차 델파이 응답의 표준편차 중에서 진한 부분이 2차 대비 긍정적인 합의결과를 표시

패널의 의견은 건강과 영양과의 관계 이해에 필요한 지식으로 영양소와 인체대사, 소화흡수는 일반 교과의 학습목표라고 생각하며, 너무 단편적인 지식 전달로 흐를 가능성이 크고, 대사까지 잘 몰라도 된다고 생각하는 이유는 너무 어려워 흥미를 잃게 될 것을 우려하기 때문인 것 같다. 그러나 영양소가 인체 내에서 소화 흡수되는 과정의 대사는 영양교육 과정의 고학년의 학습내용에 아주 간단하게나마 다루어져야 할 내용으로 생각되며 현재는 '과학'과목에 포함되어 있다.

식품관리는 위생적 식생활 및 식량 낭비 줄이기 위해 중요하며, 식품의 특성과 관리방법은 조리 시 필수적인 지식이고, 식품위생으로 건강한 식생활을 하는 데 중요하다. 신선한 식품 구별하기는 식품의 특성 및 관리방법에 포함해도 좋을 것이며, 건강과 영양과의 관계이해에 필요한 지식습득에서 벗어난다고도 하였다. 그러나 영양과의 관계에서 식품의 신선도가 미치는 영양이 크다고 생각된다. 그것은 식품의 신선도에 따라 영양소 함유량이 달라지기도 하고 신선도가 낮은 식품은 식품위생사고의 원인이 되기도 하기 때문이다.

식생활 관리에서 균형식 교육이 지식의 암기에 치우치는 것에 우려를 나타냈고, 학교교육에서는 '균형식'에 대한 중요성을 인식하는 정도이어야 하고, 구체적인 실천 위주의 교육은 실천의욕을 약화시킬 수 있다고 우려하였다. 그러나 균형식의 중요성만을 인식한다면 실제 균형식을 실행하는 데는 많은 차이가 있기 때문에 균형식의 실천을 손쉽게 할 수 있는 방법이 강구되어야 한다.

1인 한 끼 섭취분량 알기에서는 섭취분량을 미리 정하여 배우는 것이 아니고 식생활에서 실천하는 것을 조사하여 설정하는 것이며, 1인 분량을 강조하면 너무 숫자에 집착할 수 있음을 우려하였다. 대학생 성인도 알기 힘들고 실천하기 힘들어 학생들에게 좌절감만 안겨줄 수 있으며, 특히 초등학교 저학년 학생에게는 이해하기 어려우리라 생각되며, 성장기의 성장속도는 개인차가 심하므로 한 끼 분량을 아는 것이 오히려 부작용을 낳을 수 있음을 주지시켰다. 한 끼 섭취분량에 너무 치중하다 보면 식생활 교육이 재미없는 과목으로 되기 쉽다고도 하였으며 어느 정도는 알 필요가 있지만 평균치와 나의 경우를 비교하는 정도로 이용하는 절대치일 뿐, 주로 하루 동안 섭취해야 하는 식품이름을 알기 정도는 저학년에게 필요할 것이라고 하였다.

한 끼에 섭취분량에 대해서는 실제 분량과 같이 보이는 식품의 모형이나 그림 등 매체를 통하여 교육방법이나 매체를 이용하는 학습방법 연구로 해결할 수 있다.

〈표 Ⅳ-11〉 음식문화 및 식사예절에 대하여

| 구 분 | | 2차 델파이 결과 | | 3차 델파이 결과 | |
|---|---|---|---|---|---|
| | | 평균 | 표준편차 | 평균 | 표준편차 |
| Ⅲ-1. 식생활 문화 익히기 | 1. 건전한 식사문화 만들기 | 4.18 | .87 | 4.30 | .61 |
| | 2. 식사예절 익히기 | 4.38 | .93 | 4.50 | .68 |
| Ⅲ-2. 식사예절 | 1. 여러 나라의 식사예절 알기 | 4.05 | .71 | 4.00 | .51 |
| | 2. 식품의 낭비와 환경문제 알기 | 4.60 | .59 | 4.55 | .68 |
| Ⅲ-3. 식생활 문화 의 계승 | 1. 전통 음식 맛보기 | 4.13 | .72 | 4.08 | .66 |
| | 2. 전통 음식의 조리 및 상차리기 | 4.05 | .68 | 4.10 | .63 |
| Ⅲ-4. 식생활 문화 의 이해 | 1. 우리나라의 식생활의 특징 | 4.28 | .64 | 4.23 | .62 |
| | 2. 전통식품의 우수성 알기 | 4.35 | .58 | 4.33 | .62 |
| | 3. 여러 나라의 음식문화 알기 | 4.08 | .73 | 4.15 | .66 |

※ 3차 델파이 응답의 표준편차 중에서 진한 부분이 2차 대비 긍정적인 합의결과를 표시

목표 Ⅱ에서는 전통식품의 우수성 알기, 식품의 낭비와 환경문제 알기 2항목을 제외한 모든 항목이 수렴되어 합의를 이루었으며 <표 Ⅳ-21>과 같다.

일부 패널의 의견 중 특히 식품의 낭비와 환경문제의 포함이 좀 어색하다고 하여 이를 음식절약 하는 가치와 태도(예의)로서 환경에 미치는 영향에 대한 영역으로 분류 포함하였다.

음식문화 및 식사예절에 대해서는 전통식품의 우수성에 관한 자부심을 갖게 하는 것이 학교교육에서 중점을 두어야 할 것이고 전수 등의 전문적 영역은 학위전공학생이 하는 것이 바람직하다고 하였다. 그러나 식문화의 계승은 일부 전공자만으로 할 수 있는 일이 아니기 때문에 개개인이 지식과 태도를 갖추어 식문화를 만들어야 사회 전체가 자연스럽게 계승할 수 있게 된다.

여러 나라의 음식문화 알기는 우리나라 음식문화를 이해하기에도 현 교과과정으로는 시간이 부족하다. 현재 고등학교에서 가르쳐지고는 있으나 이탈리아는 피자, 미국은 햄 등의 피상적인 접근에만 머무르고 있고 유행에 따라 베트남요리 등이 추가되기도 한다. 겉핥기식이 아닌 접근이 되었으면 하고 굳이 필요하지 않다고 하였다.

식문화에 대한 교육은 전체적으로 교실에서 하는 수업뿐만이 아니라 현장수업이나 가정학습(숙제)형태로 전환하여 실행한다면 크게 어렵지 않게 해결할 수 있을 것이다.

### 5) 교육 내용에 대한 집단 간 수렴도

#### 가) 대목표 1에 대한 교육내용 합의도(델파이 F검정 - 합의도)

올바른 식습관 형성으로 건강한 생활 실천하기에서 일원분산분석으로 추정한 델파이 패널 구성원 집단 간의 수렴 정도는 <표 Ⅳ-12>에서 보는 바와 같이 2차 델파이에서 식행동 선택기준과 사회 심리적 요소를 포함한 균형 잡힌 식사습관 형성 항목에서 집단구성원 간의 의견이 수렴되지 않았을 뿐, 모든 항목이 수렴되었으며 3차에서는 모두 수렴되었다.

일반적인 영양교육프로그램 평가에서는 거의 공통적으로 지식의 증가는 있었으나 태도에는 큰 변화가 나타나지 않았다. 미국의 NET프로그램의 영향은 아이들의 지식과 새로운 식품을 맛보고 선택하는 것과 같은 태도에 영향을 미쳤으며, 지식의 향상과 개선된 태도와 선호도를 보였는데 특히 저학년에서 더욱 두드러졌다고 보고하였다. 사춘기는 많은 문화에서 특별한 식품의식을 갖는 시기이다. 미국 청소년들은 그 시기에 광고와 동료의 분위기에 특히 쉽게 영향을 받는다. 그들은 일반적으로 집에서 제공되는 식품은 싫어하고 패스트푸드나 탄산음료를 많이 섭취하면서 아이들과 성인들과는 상당히 다르게 먹는 경향을 나타낸다. 이 시기의 급속한 성장률 또한 십대들이 섭취하는 식품의 양에 영향을 준다(Kittle & Sucker, 2000).

일부 패널은 식행동 선택기준과 사회 심리적 요소를 포함한 균형 잡힌 식사습관 형성은 목표가 복합적이며 애매하고, 생태학이나 사회학적인 교육이 수반되어야 한다고 합의하지 못한 의견을 제시하였다.

또 다른 의견으로 올바른 식사 선택에 대한 긍정적인 태도를 가질 수 있다는 태도목표에서 내게 필요한 영양소 중요성 인식은 식품이 아닌 영양소로 어떻게 알 수 있을지에 대하여 의문을 제기하였는데 그것은 필요한 영양소의 중요성을 인식하여 식사에서 왜 선택해야 하는지 알고 긍정적인 태도를 유도한다. 식사에서 영양소섭취를 위해 식품의 양을 바꾸어 먹는 교육방법론 논의로 해결될 수 있을 것이다.

식생활 관리에서 올바른 식습관 태도, 가치형성은 건강유지를 위한 올바른 태도 형성과 중복된다고 하여 적정량의 음식섭취 태도, 가치형성으로 음식을 적정하게 섭취하려는 태도와 가치를 인식하고 실제 적정량을 섭취하는 습관이 좋은 식환경을 만들 수 있다는 가치관이 형성되도록 하였다.

## 〈표 Ⅳ-12〉 올바른 식습관 형성으로 건강한 생활 실천하기

| 구 분 | | 2차 델파이 결과 | | | | | 3차 델파이 결과 | | | | |
|---|---|---|---|---|---|---|---|---|---|---|---|
| | | 제곱합 | 자유도 | 제곱평균 | F값 | 유의도 | 제곱합 | 자유도 | 제곱평균 | F값 | 유의도 |
| ① 영양 1. 실천 가능한 식행동 수정의 목표 설정하기 | 집단 간 | 2.377 | 2 | 1.189 | 1.431 | .252 | 2.028 | 2 | 1.014 | 2.611 | .087 |
| | 집단 내 | 30.723 | 37 | .830 | | | 14.372 | 37 | .388 | | |
| | 계 | 33.100 | 39 | | | | 16.400 | 39 | | | |
| 2. 식행동 선택기준과 사회심리적 요소를 포함한 균형 잡힌 식사습관 형성 | 집단 간 | 8.086 | 2 | 4.043 | 5.068 | .011 | 1.907 | 2 | .954 | 2.674 | .082 |
| | 집단 내 | 29.514 | 37 | .798 | | | 13.193 | 37 | .357 | | |
| | 계 | 37.600 | 39 | | | | 15.100 | 39 | | | |
| 3. 적정 영양량 섭취하기 | 집단 간 | 4.077 | 2 | 2.039 | 1.423 | .254 | 1.384 | 2 | .692 | 1.455 | .246 |
| | 집단 내 | 53.023 | 37 | 1.433 | | | 17.591 | 37 | .475 | | |
| | 계 | 57.100 | 39 | | | | 18.975 | 39 | | | |
| ② 식품 1. 식품의 선택과 다루기 등 | 집단 간 | 1.387 | 2 | .694 | 2.039 | .145 | 1.635 | 2 | .818 | 3.066 | .059 |
| | 집단 내 | 12.588 | 37 | .340 | | | 9.865 | 37 | .267 | | |
| | 계 | 13.975 | 39 | | | | 11.500 | 39 | | | |
| 2. 식품 계량습관 익히기 | 집단 간 | .477 | 2 | .239 | .410 | .667 | 1.074 | 2 | .537 | 1.331 | .277 |
| | 집단 내 | 21.523 | 37 | .582 | | | 14.926 | 37 | .403 | | |
| | 계 | 22.000 | 39 | | | | 16.000 | 39 | | | |
| 3. 즉석식품 선택 바르게 하기 | 집단 간 | 1.728 | 2 | .864 | 2.523 | .094 | .536 | 2 | .268 | .738 | .485 |
| | 집단 내 | 12.672 | 37 | .342 | | | 13.439 | 37 | .363 | | |
| | 계 | 14.400 | 39 | | | | 13.975 | 39 | | | |
| ③ 조리 1. 건강한 식사 준비하기 | 집단 간 | 1.200 | 2 | .600 | .696 | .505 | .224 | 2 | .112 | .248 | .782 |
| | 집단 내 | 31.900 | 37 | .862 | | | 16.751 | 37 | .453 | | |
| | 계 | 33.100 | 39 | | | | 16.975 | 39 | | | |
| 2. 조리실습 및 평가하기 | 집단 간 | .833 | 2 | .417 | .425 | .657 | 1.936 | 2 | .968 | 2.262 | .118 |
| | 집단 내 | 36.267 | 37 | .980 | | | 15.839 | 37 | .428 | | |
| | 계 | 37.100 | 39 | | | | 17.775 | 39 | | | |
| ④ 식생활 관리 1. 실천 가능한 식행동 실천하기 | 집단 간 | .777 | 2 | .388 | .461 | .634 | .043 | 2 | .021 | .051 | .950 |
| | 집단 내 | 31.198 | 37 | .843 | | | 15.732 | 37 | .425 | | |
| | 계 | 31.975 | 39 | | | | 15.775 | 39 | | | |
| 2. 외식 선택방법의 실천 | 집단 간 | .603 | 2 | .302 | 1.036 | .365 | .512 | 2 | .256 | .628 | .539 |
| | 집단 내 | 10.772 | 37 | .291 | | | 15.088 | 37 | .408 | | |
| | 계 | 11.375 | 39 | | | | 15.600 | 39 | | | |
| 3. 식사일지 작성과 평가 | 집단 간 | 2.582 | 2 | 1.291 | 2.231 | .122 | 1.115 | 2 | .558 | 1.489 | .239 |
| | 집단 내 | 21.418 | 37 | .579 | | | 13.860 | 37 | .375 | | |
| | 계 | 24.000 | 39 | | | | 14.975 | 39 | | | |

※ 2차와 3차 델파이 응답의 유의도 중에서 진한 부분이 집단 간 수렴이 안 된 것을 의미한다(p<.05).

패널의 의견은 올바른 식습관 형성으로 건강한 생활 실천하기에서 실천 가능한 식행동 수정의 목표 설정을 위해서는 심리학 등 다른 학문이 꼭 필요하다는 의견과 식행동 선택기준과 사회 심리적 요소를 포함한 균형 잡힌 식사습관 형성은 목표가 복합적이며 애매하고, 생태학이나 사회학적인 교육이 수반되어야 한다고 하였다. 이 문제는 사회 심리이론에 기초한 교육과정 설계 시에 논의되어야 할 것으로 생각된다. 그리고 초등학생에게 '목표'의 정의 및 전달이 어렵다고 생각하였으며 적정 영양량을 섭취하기에는 내용이 어렵고 영양소 필요량을 영양소의 개념으로 실천하기란 어려우므로 식품량('식품군과 구성탑의 개념으로')으로의 접근이어야 한다는 의견을 제시하였는데, 이 문제 역시 교육과정 설계 시 방법론으로 논의하여야 할 것이다.

식품의 선택과 다루기 등이 올바른 식품 선택 및 식품표시 읽기의 중요성 인식과 내용상 중복된다고 하였으나 식품표시는 가공된 식품을 선택하는 데 중요하지만 그 외의 식품의 선택과 다루기는 행동 실천하는 과정이므로 내용이 중복되지 않는다.

건강한 식사 준비하기에서는 올바른 식습관 형성과 직접 조리보다는 모형 이용을 제시하고, 조리실습 및 평가하기는 현실적으로 학생들이 식사준비나 조리를 많이 하지는 않으므로 배운다 하여도 사장될 우려가 있다고 하였다.

식생활 관리에서는 식사일지 작성과 평가는 초·중·고생에게 현실적으로 가능하지 못할 것으로 생각하고 있으며, 식사일지의 효과성 및 지속성이 의문시된다고 하였다. 특별한 영양상의 문제(예: 비만 등)가 있는 학생이 아닌 경우 반드시 학습하여야 할 필요가 있는지 의문이라고 하였으나 실제 학교현장에서 지도해 본 결과 아동들이 식사일지 작성과 평가에 대해 그리고 식생활 실천에 대해 관리하는 것이 매우 어려웠기 때문에 아동들의 식사일지 작성과 평가보다는 식사를 제공해

주는 부모님의 상담과, 부모님들의 식사제공일지가 더 효과적이었다고
하였으며 식사일지의 작성과 평가가 식생활 관리의 실천을 의미한다고
필요성과 방법론에 대한 의견을 제시하였다.

다음에 올바른 식사 선택에 대한 긍정적인 태도를 가질 수 있다에
서 일원분산분석으로 추정한 델파이 패널 구성원 집단 간의 수렴 정
도는 <표 Ⅳ-13>에서 보는 바와 같이 2차 · 3차 델파이에서 모든 항목
이 수렴되었다.

〈표 Ⅳ-13〉 올바른 식사 선택에 대한 긍정적인 태도를 가질 수 있다

| 구 분 | | 2차 델파이 결과 | | | | | 3차 델파이 결과 | | | | |
|---|---|---|---|---|---|---|---|---|---|---|---|
| | | 제곱합 | 자유도 | 제곱평균 | F값 | 유의도 | 제곱합 | 자유도 | 제곱평균 | F값 | 유의도 |
| ① 영양 1. 건강유지를 위한 올바른 태도 형성 | 집단 간 | .603 | 2 | .302 | .735 | .486 | 1.038 | 2 | .519 | 1.176 | .320 |
| | 집단 내 | 15.172 | 37 | .410 | | | 16.337 | 37 | .442 | | |
| | 계 | 15.775 | 39 | | | | 17.375 | 39 | | | |
| 2. 내게 필요한 영양소 중요성 인식 | 집단 간 | 2.657 | 2 | 1.329 | 1.632 | .209 | 1.728 | 2 | .864 | 1.918 | .161 |
| | 집단 내 | 30.118 | 37 | .814 | | | 16.672 | 37 | .451 | | |
| | 계 | 32.775 | 39 | | | | 18.400 | 39 | | | |
| ② 식품 1. 올바른 식품 선택 및 식품표시 읽기의 중요성 인식 | 집단 간 | .277 | 2 | .138 | .289 | .750 | 1.228 | 2 | .614 | 1.548 | .226 |
| | 집단 내 | 17.698 | 37 | .478 | | | 14.672 | 37 | .397 | | |
| | 계 | 17.975 | 39 | | | | 15.900 | 39 | | | |
| ③ 식생활 관리 1. 올바른 식습관 태도, 가치형성 | 집단 간 | 2.211 | 2 | 1.105 | 1.172 | .321 | 1.430 | 2 | .715 | 1.828 | .175 |
| | 집단 내 | 34.889 | 37 | .943 | | | 14.470 | 37 | .391 | | |
| | 계 | 37.100 | 39 | | | | 15.900 | 39 | | | |

※ 2차와 3차 델파이 응답의 유의도 중에서 진한 부분이 집단 간 수렴이 안 된 것을 의미한다($p<.05$)

다음의 영양문제 예방 및 개선하기에서는 일원분산분석으로 추정한
델파이 패널 구성원 집단 간의 수렴 정도는 <표 Ⅳ-14>에서 보는 바
와 같이 2차 델파이에서 가공(간편)식품의 올바른 이용방법, 식생활
관리의 영양소 섭취실태 알아보기 항목에서 집단구성원 간의 의견이

수렴되지 않았다. 그러나 3차에서는 수렴 합의되어 모든 항목이 합의를 이루었다.

〈표 Ⅳ-14〉 영양문제 예방 및 개선하기

| 구 분 | | 2차 델파이 결과 | | | | | 3차 델파이 결과 | | | | |
|---|---|---|---|---|---|---|---|---|---|---|---|
| | | 제곱합 | 자유도 | 제곱평균 | F값 | 유의도 | 제곱합 | 자유도 | 제곱평균 | F값 | 유의도 |
| ① 영양 1. 성장단계별 영양의 특징 | 집단 간 | .194 | 2 | .097 | .295 | .746 | .419 | 2 | .209 | .927 | .405 |
| | 집단 내 | 12.181 | 37 | .329 | | | 8.356 | 37 | .226 | | |
| | 계 | 12.375 | 39 | | | | 8.775 | 39 | | | |
| 2. 식생활과 영양문제 인식하기 | 집단 간 | .316 | 2 | .158 | .960 | .392 | .075 | 2 | .037 | .104 | .902 |
| | 집단 내 | 6.084 | 37 | .164 | | | 13.425 | 37 | .363 | | |
| | 계 | 6.400 | 39 | | | | 13.500 | 39 | | | |
| ② 식품 1. 가공(간편)식품의 올바른 이용방법 | 집단 간 | 3.287 | 2 | 1.644 | 4.509 | .018 | .946 | 2 | .473 | 1.236 | .302 |
| | 집단 내 | 13.488 | 37 | .365 | | | 14.154 | 37 | .383 | | |
| | 계 | 16.775 | 39 | | | | 15.100 | 39 | | | |
| 2. 안전한 식품 관리방법 | 집단 간 | .982 | 2 | .491 | 1.355 | .271 | .536 | 2 | .268 | .738 | .485 |
| | 집단 내 | 13.418 | 37 | .363 | | | 13.439 | 37 | .363 | | |
| | 계 | 14.400 | 39 | | | | 13.975 | 39 | | | |
| ③ 식생활 관리 1. 영양소 섭취실태 알아보기 | 집단 간 | 3.982 | 2 | 1.991 | 4.980 | .012 | .977 | 2 | .489 | 1.203 | .312 |
| | 집단 내 | 14.793 | 37 | .400 | | | 15.023 | 37 | .406 | | |
| | 계 | 18.775 | 39 | | | | 16.000 | 39 | | | |
| 2. 영양문제에 따른 대처(실천)방안 | 집단 간 | .936 | 2 | .468 | 1.463 | .245 | 2.491 | 2 | 1.245 | 3.015 | .061 |
| | 집단 내 | 11.839 | 37 | .320 | | | 15.284 | 37 | .413 | | |
| | 계 | 12.775 | 39 | | | | 17.775 | 39 | | | |
| 3. 건강한 식생활 습관 알기 | 집단 간 | .377 | 2 | .188 | .670 | .518 | .728 | 2 | .364 | .784 | .464 |
| | 집단 내 | 10.398 | 37 | .281 | | | 17.172 | 37 | .464 | | |
| | 계 | 10.775 | 39 | | | | 17.900 | 39 | | | |
| 4. 건강한 미래를 위한 식사법 알기 | 집단 간 | 1.894 | 2 | .947 | 1.763 | .186 | 2.309 | 2 | 1.154 | 2.654 | .084 |
| | 집단 내 | 19.881 | 37 | .537 | | | 16.091 | 37 | .435 | | |
| | 계 | 21.775 | 39 | | | | 18.400 | 39 | | | |

※ 2차와 3차 델파이 응답의 유의도 중에서 진한 부분이 집단 간 수렴이 안 된 것을 의미한다(p<.05)

패널의견은 영양문제 예방 및 개선하기에서 성장단계별 영양의 특징은 성장단계별 특징을 분석하고 실천할 수 있다면 긍정적인 영향을 미칠 것이며 특히 고등학생들은 곧 임신, 출산의 가능성이 있고 고등학교 교육이 마지막 영양교육의 기회일 수 있기 때문에 필요하다고 하였다. 이 문제는 한 연구에서도 청소년기 여성의 경우 임신 전 모체의 영양상태와 건강이 태아에게 직접적으로 영향을 미치게 되므로 이 시기의 교육을 강조하고 있다(윤진숙: 2000).

　가공(간편)식품의 올바른 이용방법에 대하여 교사그룹 패널들은 가공식품에 관한 안내가 실생활에서 남용되기 쉽고, 오히려 자연식품 이용이 감소하는 경향을 우려하여 바람직하지 못하다고 하였는데 이는 식품 구매환경의 변화에 따른 문제해결 방법으로서 가공된 식품의 섭취가 영양에 미치는 영향을 인식하고 제품화된 식품의 바른 선택이나 부족한 영양을 보완하는 바른 이용방법으로 영양문제에 대처하기 위한 방안을 알기 위한 것이다. 그리고 안전한 식품 관리방법은 식품의 특성, 관리방법 알기와 중복된다고 하여 식품의 특성, 저장방법 알기로 수정하였다.

　식생활 관리 중 영양소 섭취실태 알아보기에서 영양소 중요성은 알지만 실제 섭취와는 상이한 경우가 많으므로 실제 섭취상태를 파악하는 것이 중요하다고 하였고, 영양문제에 따른 대처(실천)방안(예: 아침식사환경, 싱겁게 먹기, 결식, 과식 등)이 잘못된 경우 그 효과가 기대했던 것이 아닐 수도 있다. 그리고 아동들이 올바른 식습관을 형성하고, 자신의 영양상태에 있는 식생활을 영위하기 위해서는 현재 자신의 영양소 섭취실태를 바르게 알아보는 것이 무엇보다도 중요하다는 의견을 제시하였다. 실태를 올바로 파악할 수 있어야 대처방안이 마련될 수 있으므로 '섭취실태 파악'의 교육목표에 적극적인 동의가 있었다. 건강한 미래를 위한 식사법 알기에는 건강한 식생활습관 알기와 거의 중복되는 내용이라는 의견이 있으나 건강한 식생활습관은 식사법보다는 넓은 의미의 식사법을 포함한 생활습관 범위로 판단되어 그대로 두기로 하였다. 물론 건강한 식생활습관이 현재 미래 건강에 영향을 주는 것은 사실이나 그 내용의 범위를 다르게 구성할 수 있다.

일원분산분석으로 추정한 델파이 패널 구성원 집단 간의 수렴 정도
는 <표 Ⅳ-15>에서 보는 바와 같이 건강과 영양과의 관계 이해에 필
요한 지식 습득하기의 모든 항목이 수렴되었다.

〈표 Ⅳ-15〉 건강과 영양과의 관계 이해에 필요한 지식 습득하기

| 구 분 | | 2차 델파이 결과 | | | | | 3차 델파이 결과 | | | | |
|---|---|---|---|---|---|---|---|---|---|---|---|
| | | 제곱합 | 자유도 | 제곱평균 | F값 | 유의도 | 제곱합 | 자유도 | 제곱평균 | F값 | 유의도 |
| ① 영양 1. 영양의 중요성 알기 | 집단 간 | .124 | 2 | .062 | .292 | .748 | .261 | 2 | .131 | .279 | .758 |
| | 집단 내 | 7.851 | 37 | .212 | | | 17.339 | 37 | .469 | | |
| | 계 | 7.975 | 39 | | | | 17.600 | 39 | | | |
| 2. 영양소와 인체 대사, 소화 흡수 | 집단 간 | 1.719 | 2 | .860 | 2.068 | .141 | 2.211 | 2 | 1.105 | 2.657 | .083 |
| | 집단 내 | 15.381 | 37 | .416 | | | 15.389 | 37 | .416 | | |
| | 계 | 17.100 | 39 | | | | 17.600 | 39 | | | |
| 3. 식생활과 건강 과의 관계 알기 | 집단 간 | .012 | 2 | .006 | .025 | .975 | .121 | 2 | .060 | .129 | .879 |
| | 집단 내 | 9.088 | 37 | .246 | | | 17.254 | 37 | .466 | | |
| | 계 | 9.100 | 39 | | | | 17.375 | 39 | | | |
| ② 식품 1. 식품성분과 영 양소 알기 | 집단 간 | .063 | 2 | .031 | .099 | .906 | .302 | 2 | .151 | .377 | .688 |
| | 집단 내 | 11.837 | 37 | .320 | | | 14.798 | 37 | .400 | | |
| | 계 | 11.900 | 39 | | | | 15.100 | 39 | | | |
| 2. 식품의 특성 관 리방법 알기 | 집단 간 | .252 | 2 | .126 | .405 | .670 | .174 | 2 | .086 | .294 | .747 |
| | 집단 내 | 11.523 | 37 | .311 | | | 10.926 | 37 | .295 | | |
| | 계 | 11.775 | 39 | | | | 11.100 | 39 | | | |
| 3. 신선한 식품 구 별하기 | 집단 간 | .083 | 2 | .041 | .104 | .901 | 1.602 | 2 | .801 | 2.002 | .149 |
| | 집단 내 | 14.891 | 37 | .402 | | | 14.798 | 37 | .400 | | |
| | 계 | 14.975 | 39 | | | | 16.400 | 39 | | | |
| ③ 식생활 관리 1. 균형식에 필요한 지식 알기 | 집단 간 | .224 | 2 | .112 | .614 | .547 | .640 | 2 | .320 | 1.007 | .375 |
| | 집단 내 | 6.751 | 37 | .182 | | | 11.760 | 37 | .318 | | |
| | 계 | 6.975 | 39 | | | | 12.400 | 39 | | | |
| 2. 1인 한 끼 섭 취분량 알기 | 집단 간 | 1.036 | 2 | .518 | 1.012 | .373 | 2.077 | 2 | 1.038 | 1.950 | .157 |
| | 집단 내 | 18.939 | 37 | .512 | | | 19.698 | 37 | .532 | | |
| | 계 | 19.975 | 39 | | | | 21.775 | 39 | | | |
| 3. 영양정보 판단하기 | 집단 간 | .202 | 2 | .101 | .113 | .893 | .671 | 2 | .336 | .812 | .452 |
| | 집단 내 | 32.898 | 37 | .889 | | | 15.304 | 37 | .414 | | |
| | 계 | 33.100 | 39 | | | | 15.975 | 39 | | | |

※ 2차와 3차 델파이 응답의 유의도 중에서 진한 부분이 집단 간 수렴이 안 된 것을 의미한다(p<.05)

## 나) 대목표 Ⅱ에 대한 교육내용 합의도(델파이 F검정 – 합의도)

일원분산분석으로 추정한 델파이 패널 구성원 집단 간의 수렴 정도
는 <표 Ⅳ-17, 18, 19>에서 보는 바와 같이 2차 델파이에서 여러 나
라의 식사예절 알기 항목에서 집단구성원 간의 의견이 수렴되지 않았
을 뿐, 모든 항목이 수렴되었다. 수렴이 정도에서 분석결과가 유의미
한 값을 갖기 위해서는 2차와 3차 모두 유의수준 5%에서 0.05값보다
크거나, 적어도 3차에서 .05값보다 커야 한다.

식생활 문화 익히기에서 건전한 식사문화 만들기는 다른 일반 교과
에서도 가능하고 영양교육에서는 타 교과에서 할 수 없는 내용이어야
한다는 의견을 제시하였으며, 현실적으로 학교에서 수업형태로 실천하
기 어려운 영역에 대해서는 현장학습이나 가정문화체험, 학교급식을
활용하여 행동으로 연결되는 교육방법론 연구가 필요하다.

〈표 Ⅳ-16〉 식생활 문화 익히기

| 구 분 | | 2차 델파이 결과 | | | | | 3차 델파이 결과 | | | | |
|---|---|---|---|---|---|---|---|---|---|---|---|
| | | 제곱합 | 자유도 | 제곱평균 | F값 | 유의도 | 제곱합 | 자유도 | 제곱평균 | F값 | 유의도 |
| 1. 건전한 식사문화 만들기 | 집단 간 | 3.257 | 2 | 1.629 | 2.273 | .117 | .212 | 2 | .106 | .277 | .760 |
| | 집단 내 | 26.518 | 37 | .717 | | | 14.188 | 37 | .383 | | |
| | 계 | 29.775 | 39 | | | | 14.400 | 39 | | | |
| 2. 식사예절 익히기 | 집단 간 | 3.924 | 2 | 1.962 | 2.465 | .099 | 1.312 | 2 | .656 | 1.455 | .246 |
| | 집단 내 | 29.451 | 37 | .796 | | | 16.688 | 37 | .451 | | |
| | 계 | 33.375 | 39 | | | | 18.000 | 39 | | | |

※ 2차와 3차 델파이 응답의 유의도 중에서 진한 부분이 집단 간 수렴이 안 된 것을 의미한다($p < .05$).

여러 나라의 식사예절 알기에서는 세계화가 되어가면서 각 나라의
문화생활 중 기본생활로써 식사예절과 문화적 배경에 대해서는 필수적
으로 알아야 한다는 의견이 많았으나 반면 다양한 나라의 식사예절을
반드시 알아야 할 필요가 있을까 하는 반대의 의견도 있었다. 우리나라

의 식사예절과 접할 기회가 많은 나라의 식사예절 정도로 국한하고 다른 것은 상식 정도로 알려줄 필요가 있다고 하는 의견을 제시하였다.

<표 Ⅳ-17> 식사예절

| 구 분 | | 2차 델파이 결과 | | | | | 3차 델파이 결과 | | | | |
|---|---|---|---|---|---|---|---|---|---|---|---|
| | | 제곱합 | 자유도 | 제곱평균 | F값 | 유의도 | 제곱합 | 자유도 | 제곱평균 | F값 | 유의도 |
| 1. 여러 나라의 식사예절 알기 | 집단 간 | 5.675 | 2 | 2.838 | 7.381 | .002 | .786 | 2 | .393 | 1.578 | .220 |
| | 집단 내 | 14.225 | 37 | .384 | | | 9.214 | 37 | .249 | | |
| | 계 | 19.900 | 39 | | | | 10.000 | 39 | | | |
| 2. 식품의 낭비와 환경문제 알기 | 집단 간 | .430 | 2 | .215 | .604 | .552 | 1.046 | 2 | .523 | 1.148 | .328 |
| | 집단 내 | 13.170 | 37 | .356 | | | 16.854 | 37 | .456 | | |
| | 계 | 13.600 | 39 | | | | 17.900 | 39 | | | |

※ 2차와 3차 델파이 응답의 유의도 중에서 진한 부분이 집단 간 수렴이 안 된 것을 의미한다(p<.05)

여러 전문가패널들은 식생활 가치라는 용어의 뜻이 애매모호하여 목표로 세우기는 힘들고, 이 목표는 식생활 문화와 직접관계가 적은 것으로 판단하였으며, 음식문화와 식사예절에 관한 교육으로 많은 올바른 식생활 가치를 갖도록 하기에는 미비하다고 하였다. 따라서 '다양한 식문화에 대한 가치에 긍정적인 태도를 가질 수 있다'로 목표를 구체화하여 수정하였다.

<표 Ⅳ-18>의 식생활 문화계승의 하위목표 내용에 전통음식 맛보기에 대하여 전통음식의 섭취빈도가 많을수록 전통음식에 대한 지식이 많아지므로(이경애, 1993) 청소년에게 고유의 전통음식을 맛 볼 수 있는 기회를 갖게 하여 우리의 식생활 문화에 대해 긍지를 갖도록 할 필요가 있다(김윤신·한용봉, 1994).

124

<표 Ⅳ-18> 식생활 문화의 계승

| 구  분 | | 2차 델파이 결과 | | | | | 3차 델파이 결과 | | | | |
|---|---|---|---|---|---|---|---|---|---|---|---|
| | | 제곱합 | 자유도 | 제곱평균 | F값 | 유의도 | 제곱합 | 자유도 | 제곱평균 | F값 | 유의도 |
| 1. 전통 음식 맛보기 | 집단 간 | 2.861 | 2 | 1.430 | 3.022 | .061 | 1.008 | 2 | .504 | 1.183 | .318 |
| | 집단 내 | 17.514 | 37 | .473 | | | 15.767 | 37 | .426 | | |
| | 계 | 20.375 | 39 | | | | 16.775 | 39 | | | |
| 2. 전통 음식의 조리 및 상 차리기 | 집단 간 | 1.944 | 2 | .972 | 2.254 | .119 | 1.544 | 2 | .772 | 2.032 | .145 |
| | 집단 내 | 15.956 | 37 | .431 | | | 14.056 | 37 | .380 | | |
| | 계 | 17.900 | 39 | | | | 15.600 | 39 | | | |

※ 2차와 3차 델파이 응답의 유의도 중에서 진한 부분이 집단 간 수렴이 안 된 것을 의미한다(p<.05).

식생활 문화 계승에서 전통음식 맛보기는 전통음식(전통식품과 음식 포함)에 대한 정의가 불분명하여 전통적인 행사음식으로 생각하였는데 전통음식이라는 것은 과거와 현재의 한국음식을 총칭하는 포괄적인 범위로 생각하여야 할 것이다. 전통음식 맛보기란 표현이 너무 피상적이고, 비현실적으로 생각된다고 하였으며 가정에서 가족문화체험을 통해 할 수 있도록 하는 것이 학교교육과 가정의 연계성을 갖게 하는 방법론을 제시하기도 하였다. 아이들이 영양식사를 선택할 능력을 가지고 태어나지 않고 대신에 식습관은 경험과 교육을 통해서 학습된다고 제시하고 있어(Contento et. al, 1995; 291-297) 전통음식의 맛 경험이 결국 전통음식문화를 계승할 수 있는 문제해결 기능 역할을 할 수 있다고 본다. 방법론은 추후에 논의되어야 할 것이나 전통음식의 조리 및 상차리기에서는 상급학교의 진학(전공교과)에서 다룰 영역으로 생각하고 있으며, 전통이란 말을 쓰지 않고 일반 조리와 한 번에 제시되기에는 분량이 많다고 하였다.

한 나라나 한 지역의 음식문화는 자연환경과 문화의 복합적인 상관관계의 산물이며 특정 지역이나 특정 시점의 음식문화는 그 집단의 고유한 역사적 경험과 자연에 대한 적응의 총체적 산물이라고 할 수 있다(윤서석, 1985) 그러므로 한 민족의 식생활에 담겨진 문화성은 그 민족 생활의 유적이다(石毛直道, 1983). 그러나 현대는 국제화시대의 물결 속에서 살아가야 하며 과학문명이 가속적으로 고도화됨에 따라 의식주를 비롯한 생활전반을 기능과 합리성만을 중시하는 보편적이고 거대한 시스템으로서의 성격이 강한 세계문명의 시대를 만들어 가고 있다(윤서석, 1987; Brophy, et. al, 2001). 이렇게 큰 변화 속에서 우리의 전통음식에 대한 가치 여부를 따져볼 겨를 없이 소홀해지지 않도록 해야 할 것이며 우리의 학교 교육과정 속에서 초등학교 1학년부터 단계적인 체험을 통하여 전통음식에 대한 교육이 이루어지도록 구성되고, 중·고등학교 교육을 받는 동안 우리 음식에 대한 학습을 전혀 경험하지 못하는 학생이 없도록 필수내용으로 채택되어 계승기능 역할을 할 수 있도록 하여야 한다(조후종, 1991).

전문가 일부 패널은 우리 식생활 문화에 대한 이해는 균형 잡힌 식생활과 건전한 식생활 문화 및 우리나라에 대한 자부심을 가지게 하였으며 최근의 세계화의 개념은 즉 가장 자국적인 것일 것이라 하였다. 우리의 것을 알고 계승하는 것이 최근 현대의 세계에서 살아남을 수 있는 중요한 요소이기 때문이며, 우리의 식생활 문화를 계승하는 밑바탕이 될 것이라고 하였다.

<표 Ⅳ-19> 식생활 문화의 이해

| 구 분 | | 2차 델파이 결과 | | | | | 3차 델파이 결과 | | | | |
|---|---|---|---|---|---|---|---|---|---|---|---|
| | | 제곱합 | 자유도 | 제곱평균 | F값 | 유의도 | 제곱합 | 자유도 | 제곱평균 | F값 | 유의도 |
| 1. 우리나라의 식생활의 특징 | 집단 간 | 1.086 | 2 | .543 | 1.349 | .272 | .057 | 2 | .028 | .071 | .931 |
| | 집단 내 | 14.889 | 37 | .402 | | | 14.918 | 37 | .403 | | |
| | 계 | 15.975 | 39 | | | | 14.975 | 39 | | | |
| 2. 전통식품의 우수성 알기 | 집단 간 | .849 | 2 | .425 | 1.282 | .289 | .03 | 2 | .01 | .004 | .996 |
| | 집단 내 | 12.251 | 37 | .331 | | | 14.772 | 37 | .399 | | |
| | 계 | 13.100 | 39 | | | | 14.775 | 39 | | | |
| 3. 여러 나라의 음식문화 알기 | 집단 간 | 1.661 | 2 | .830 | 1.608 | .214 | .807 | 2 | .404 | .916 | .409 |
| | 집단 내 | 19.114 | 37 | .517 | | | 16.293 | 37 | .440 | | |
| | 계 | 20.775 | 39 | | | | 17.100 | 39 | | | |

※ 2차와 3차 델파이 응답의 유의도 중에서 진한 부분이 집단 간 수렴이 안 된 것을 의미한다($p<.05$).

식생활현상은 단순한 영양소의 섭취라는 생리적 의미로서뿐만 아니라 문화의 한 부분으로 인식되어야 한다. 특히 우리나라 전통사회에서의 식생활 문화는 당시 사회의 규범, 풍속과 긴밀하게 연결되어 나타났으며, 근대화 과정에서 급속하게 변화되어 왔다. 앞으로 바람직한 식생활 문화를 정착시키기 위해서는 전통식생활에 내포된 상징적 의미가 올바르게 파악되어야 할 것이다. 문화는 하루아침에 형성되는 것이 아니라 오랜 시간을 거쳐서 축적되는 것으로서 특정 개인이나 몇몇 소수의 사람들이 합의하여 만드는 것이 아니라 많은 사람들의 생활경험을 통하여 형성되는 것이라고 볼 수 있다 따라서 일단 형성된 식생활은 어떤 특정한 조건에 의해 단시간 내에 그 유형이 바뀌기 어렵다. 우리나라의 전통적 식생활 문화는 식생활과 관련한 다양한 규범이 식생활의 중요한 상징적 의미로 설명된다.

예를 들어, 조선 초기 소혜왕후가 쓴 「內訓」에는 '여러 사람이 음식을 먹을 때는 혼자서만 배불리 먹지 않으며, 불결하게 손으로 집어먹어서는 안 된다. 밥을 말아먹지 말고 쩝쩝거리며 않고 먹던 고기를 다시 그릇에 놓지 말며 흘리지 말 것이며 국을 먹을 때는 후루룩거리며 건더기를 들이마시지 말며 이를 쑤시지 말고 마른 고기는 손으로 찢어서 먹어야 하고 불고기는 한 입에 날름 다 집어먹지 말아야 한다. ……' 또한 조선 중기의 문신인 정경세(1563)의 식생활 규범에 '상에 너무 가까이 앉지 말고, 숟가락을 들거나 저를 내릴 때에도 급히 움직이지 말고, 주발과 대접을 바로 놓고 주의하라' 등의 구체적인 식생활 예절에 대하여 언급하고 있으며 이 밖에도 음식을 먹을 때에 고려해야 할 다섯 가지 계율을 들고 있는데 그것은 '음식이 만들어지기까지의 공을 생각해 보고, 큰 덕을 헤아려 섬겨야 하며, 음식을 먹을 때 과하거나 탐내는 것을 막아야 하고, 음식을 의약으로 삼아야 하며, 도업을 이루어 놓은 후에 음식을 먹어야 한다'(이성우, 1985)고 하였다. 이와 같이 식생활은 생리적 충족의 기능 외에도 식생활에 내포된 심리적 및 사회적 의미로서 다양한 재료 사용으로 시각적, 미각적 즐거움을 주는 음식을 만드는 행동과 식사예절, 절약, 건강 등으로 표현되며 건전한 식생활 문화라고 할 수 있을 것이다. 여러 나라의 식생활 문화를 이해하고, 우리의 전통문화를 계승하며, 다양한 식문화에 대한 가치에 긍정적인 태도를 가지고 건전한 식생활 문화를 형성할 수 있다.

결과적으로 영양지식을 알고, 문제해결 기능을 보유하여, 바람직한 태도를 유도함으로써 스스로 조절할 수 있는 행동으로 실천하도록 하는 체계이며, 그 행동은 개인의 변화만으로 가능한 것이 아니라 그 개인을 둘러싸고 있는 환경 즉 과거, 현재, 미래의 시간적인 환경과, 가정 학교 사회 등 공간적인 환경에서 상호 영향을 미치며 형성되는 것이다.

## 6) 교육 내용에 대한 합의 정도 순위

3차 델파이 결과로부터 영양교육의 하위목표 각 항목별로 평균점수를 소팅(배열)하면 <표 Ⅳ-20>, <표 Ⅳ-21>과 같다.

〈표 Ⅳ-20〉 목표 Ⅰ의 하위목표 체계별 내용구성에 대한합의 정도 순서

| 목표 (Ⅰ) | 구 분 | 점수 |
|---|---|---|
| 행동 측면 | 1. 외식선택방법의 실천 | 4.60 |
| | 2. 실천 가능한 식행동 실천하기 | 4.58 |
| | 3. 즉석식품 선택 바르게 하기 | 4.28 |
| | 4. 식품의 선택과 다루기 등 | 4.25 |
| | 5. 적정 영양량 섭취하기 | 4.23 |
| | 6. 건강한 식사 준비하기 | 4.23 |
| | 7. 실천 가능한 식행동 수정의 목표 설정하기 | 4.20 |
| | 8. 조리실습 및 평가하기 | 4.18 |
| | 9. 식행동 선택기준과 사회 심리적 요소를 포함한 균형 잡힌 식사 습관 형성 | 4.15 |
| | 10. 식품 계량습관 익히기 | 4.00 |
| | 11. 식사일지 작성과 평가 | 3.98 |
| 태도 측면 | 1. 올바른 식품 선택 및 식품 표시 읽기의 중요성 인식 | 4.55 |
| | 2. 올바른 식습관 태도, 가치형성 | 4.45 |
| | 3. 건강유지를 위한 올바른 태도 형성 | 4.38 |
| | 4. 내게 필요한 영양소 중요성 인식 | 4.30 |
| 기능 측면 | 1. 식생활과 영양문제 인식하기 | 4.75 |
| | 2. 영양문제에 따른 대처(실천)방안 | 4.58 |
| | 3. 건강한 식생활 습관 알기 | 4.55 |
| | 4. 가공(간편)식품의 올바른 이용방법 | 4.35 |
| | 5. 안전한 식품 관리방법 | 4.28 |
| | 6. 건강한 미래를 위한 식사법 알기 | 4.20 |
| | 7. 성장단계별 영양의 특징 | 4.08 |
| | 8. 영양소 섭취실태 알아보기 | 4.00 |
| 지식 측면 | 1. 균형식에 필요한 지식 알기 | 4.80 |
| | 2. 식생활과 건강과의 관계 알기 | 4.63 |
| | 3. 영양의 중요성 알기 | 4.60 |
| | 4. 1인 한 끼 섭취분량 알기 | 4.58 |
| | 5. 영양정보 판단하기 | 4.48 |
| | 6. 식품성분과 영양소 알기 | 4.35 |
| | 5. 신선한 식품 구별하기 | 4.30 |
| | 8. 식품의 특성, 관리방법 알기 | 4.15 |
| | 9. 영양소와 인체대사, 소화 흡수 | 4.10 |

  합의 정도가 높게 나타난 항목은 목표 Ⅰ의 지식목표 중 균형식에
필요한 지식 알기가 4.80으로 가장 높게 합의되었으며, 가장 낮게 합
의된 항목은 행동목표 중 식사일지 작성과 평가로 3.98로 나타났다.
그러나 그 외 모든 항목들은 4.00 이상으로 높았다.

  목표 전 항목에서 4.50 이상 합의도를 높게 나타낸 항목은 지식목
표에서는 균형식에 필요한 지식 알기, 식생활과 건강과의 관계 알기,
영양의 중요성 알기, 1인 한 끼 섭취분량 알기, 기능목표에서는 식생
활과 영양문제 인식하기, 영양문제에 따른 대처(실천)방안, 건강한 식
생활 습관 알기, 태도목표에서는 올바른 식품 선택 및 식품 표시 읽기
의 중요성 인식, 행동목표에서는 외식선택방법의 실천, 실천 가능한
식행동 실천하기로 나타났으며 목표 Ⅱ에서는 태도목표에서 식품의
낭비와 환경문제 알기와 행동목표에서 식사예절 익히기가 높은 합의
정도를 나타내었다.

〈표 Ⅳ-21〉 목표 Ⅱ의 하위목표 체계별 내용구성에 대한 합의 정도 순서

| 목표 (Ⅱ) | 구 분 | 점 수 |
|---|---|---|
| 행동 측면 | 1. 식사예절 익히기 | 4.50 |
| | 2. 건전한 식사문화 만들기 | 4.30 |
| 태도 측면 | 1.식품의 낭비와 환경문제 알기 | 4.55 |
| | 2. 여러 나라의 식사예절 알기 | 4.00 |
| 기능 측면 | 1. 전통 음식의 조리 및 상차리기 | 4.10 |
| | 2. 전통 음식 맛보기 | 4.08 |
| 지식 측면 | 1. 전통식품의 우수성 알기 | 4.33 |
| | 2. 우리나라의 식생활의 특징 | 4.23 |
| | 3. 여러 나라의 음식문화 알기 | 4.15 |

  이상과 같은 패널의 의견을 종합해 보면 다음과 같은 경향성을 찾
을 수 있다.

130

가) 실과, 가정 등 교과목에서는 정보제공 중심으로, 영양교육 과정에서는 실천도모를 중심으로 계획되어 분담하는 형태가 좋을 것이며, 학생들의 실천을 유도하는 태도나 행동교육에 비중을, 학교급식과 연계한 교육이어야 좀더 쉽게 접근할 수 있으며 효과도 높다.

나) 영양교육의 내용을 영양<식품<식생활 관리 측면으로 접근하여 효과적인 영양교육의 최후목표인 식생활 관리에 비중을 두어야 한다.

다) 현 식생활 부분의 학교교육은 '이론'중심으로 되어 있어 현실에 적용에 연계성이 부족하다. 따라서 조리실습 시간을 늘리고, 음식과 영양평가와 매일 식습관을 점검하여 미래의 건강을 위한 균형 잡힌 식습관 실천 위주의 교육으로 개선되어야 한다.

라) 학교 영양교육 목표 설정은 매우 적합하나 교육내용 설정은 중복된 부분을 연계성 있게 묶어서 제시해야 간략하면서도 깊이가 있으며 생활과학으로 실천할 수 있는 지침서가 될 것이다.

마) 초등학생을 위한 영양교육은 영양소기능 설명위주의 교육보다 실제적이고 실천적인 음식위주의 교육이 되어야 하며, 중·고등 교육현장에서 영양소 섭취실태조사가 막연하기 때문에 식품섭취실태로 하면 좋겠다.

바) 일반 교과에서 가능한 부분은 제외하고 영양교사의 전문교육이 필요한 내용이 강조되어야 한다. 반드시 영양교사가 아니면 하기 힘들다는 인식을 주는 것도 중요하다.

사) 초·중등 모두 포함하여 학교급 수준에 맞지 않는 것도 있어 초등과 중등의 차이(능력)를 고려하여 교육의 목표 분리가 필요하다고 하였는데 이 문제를 학습목표를 설정할 때 해결될 수 있을 것이다.

아) 음식문화 및 예절 부분이 저학년에게는 어렵고 추상적이므로 조정이 필요하다고 하였는데 이 문제는 실습하는 형태의 수업방법에서 해법을 찾을 수 있을 것이다.

자) 학생들의 영양교육을 위한 식생활 관련 교재개발에 유용할 것이다.

차) 영양교육프로그램은 국민건강을 향상시키고자 하는 지침을 바탕으로 국가식량정책에 부응하고, 체계를 세워 초등의 저·중·고학년용으로 구분되어야 한다.

카) 실습과 연결한 교재가 필요하다.

타) 영양교육의 목표 Ⅰ과 Ⅱ의 가중치를 50:50보다 60:40으로 차등 배분하는 것이 좋다.

따) 학교 영양교육의 궁극적인 목표는 올바른 식습관 형성으로 건강한 생활을 영위하게 함에 있으므로 학생들의 영양섭취실태조사를 바탕으로 그 결과를 분석하고, 명료한 균형식을 위한 기초식품 군을 제시하여, 건강과 연계된 전문적인 영양교육이 이루어져야 한다(식품군별 식품의 종류 및 1회 분량을 상세히 제시) 등 많은 의견들을 개진하였는데 생활과학으로서 실천 위주 교육의 성격, 영양보다는 식품을 활용한 내용으로 실제 접근 가능한 교육방법을 제안하였다.

그 외에도 본 연구에서 제외한 학교급별(연령별) 배분이나 학습목표 등 교육과정에서 고려하여야 할 내용이 제시되었다.


## 4. 학교 영양교육 목표와 내용


### 가. 영양교육 목표

교육의 일반적인 동향은 자기 주도적 학습능력, 비판적 사고 능력, 추론 능력, 타인을 배려하는 인간관계 능력 등을 중시하고 있어 학생들 스스로 학습할 수 있고 많은 정보 중에서 필요한 정보를 찾아 선별할 줄 아는 자기 주도적 학습 능력을 기르는 방향으로 변화하고 있

132

으며 공급자 중심에서 학습자 중심으로 과정지향 교육과정으로 바뀌고 있는데(한국교육개발원, 1999) 이러한 변화는 영양교육에서도 적용되어야 한다.

영양교육은 바른 식생활 실천을 통하여 건강을 유지·증진하고, 건강한 삶을 추구하는 것이며 교육을 통하여 현재의 세대뿐만 아니라 다음 세대에게 영양에 대한 올바른 인식과 가치관을 가지게 함으로써 그들의 건전한 인격형성은 물론, 우리가 당면하고 있는 현재의 영양문제를 해소하고, 나아가 영양문제를 미연에 방지하여 삶의 질을 높일 수 있도록 하는 데에 궁극적인 목적을 두고 있다. 따라서 영양교육의 목표와 결과는 분명히 정의될 필요가 있다. 무슨 식사 지침 원리가 사용될 것 인지와 같은 중재의 영양교육내용과 결과가 환경적인 변화인지, 개인적인 행동변화인지, 또는 지식, 신념, 자기-효능, 태도 또는 행동 의지와 같은 다른 변수인지와 같이 원하는 교육적 결과를 모두 분명하게 설정할 필요가 있다. 많은 프로그램에서 식생활 변화의 목표와 정보 중심의 교육적 방법론이 부적절하게 적용되고 있다(Contento et. al, 1995).

원인과 결과 관계를 분석하는 과정에는 현상에 대한 사실(fact), 개념(concept), 일반화된 법칙(generalization) 등의 지식이 필요하다. 영양현상의 인과 관계를 밝혀낸 다음, 문제를 해결하기 위한 기능(skill)과 실질적인 영양태도와 행동이 뒤따라야 하며, 이는 근본적으로 개개인의 동기 부여가 있어야 가능하다. 영양교육은 그런 동기를 부여하는 데 필요한 지식과 기능 및 가치관을 안내하여 행동을 이끌어낼 수 있어야 한다. 따라서 영양교육의 목표는 지식, 기능, 태도(가치), 행동으로 체계화할 수 있다. 그리고 학교 영양교육 목표구조는 교육목표 분류학의 지식, 기능, 태도(가치)와 영양교육에서 일반적으로 사용하고 있는 지식, 태도, 행동이론을 접목하였으며, 행동의 변화를 최종목표로 행동, 태도(가치), 기능, 지식 체계로 구성하였다.

그러나 영양교육에서도 흔히 영양학 지식 위주의 교육이 많다는 비판을 하는데, 이것은 우리나라 교육이 지식 위주로 되어 있어서 인간성 함양을 위한 가치교육이 경시된다는 논리와도 관계가 있다. 그러나 문제는 지식 교육의 비중 자체에 있는 것이 아니라 어떤 지식을 어떠한 방법으로 가르치는가에 있는 것이다. 지식과 가치는 상반관계를 갖거나 상호 대체하는 것은 아니라고 본다.

학교 영양교육 목표구조는 첫째, 행동목표 체계에서 영양교육은 필요한 지식과 기능 및 태도를 가지고 실질적인 행동의 변화를 이끌어낼 수 있어야 한다. 적절한 영양이 아동기와 청소년기의 성장과 발달에 중요하고 만성질병이 일찍 시작하기 때문에 행동이나 그들이 행동하게 하는 기술이 중요하다고 보는 것이다. 결국 행동 중심의 영양교육은 국가의 건강목표를 정확하게 신속히 달성하도록 만들 것이다.

사람들을 좀더 건강하게 하기 위한 식품 영양교육에 자발적으로 참여하도록 촉진하는 것은 표적이 된 행동의 원리를 이해하고, 표적이 된 행동에 대하여 명확하게 인식하며, 행동적으로 영향을 주는 것이다. 이들 영향을 보완하고 행동으로 실천을 강화하기 위해서 효과적인 전략을 계획하고 실행하는 것이라고 하였다(Contento et. al, 1995). 행동변화가 목표로 설정되고 사용된 교육적 전략이 목적에 맞게 고안된 영양교육이 식습관을 개선시키는 데 교육적인 효과가 있다고 하였으며 행동변화를 목표로 설계된 교육방법을 사용한 모든 연령층의 교육은 지식이 태도와 행동을 변화시킬 것이라는 것을 가정하여 식생활 정보의 보급에 초점을 둔 일반적인 연구보다 효과가 좋았다고 제시하고 있다.

영양행동목표의 행동수준은 개인수준에서의 행동(언제, 어디서, 누구와 무엇을, 어떻게 먹는가)이 모여 집단수준의 각종 지표의 변화를 일으키므로 이 행동수준의 목표 설정에서 중요한 것은 개인수준에서 구체적이면서 알기 쉬운 행동목표를 나타내는 것에 중점을 두어야 한다. 그 의미에서도 '식생활지침' 등 개인의 행동에게 직접적으로 지침이 되도록 충분히 고려하여야 한다.

둘째, 태도목표 체계에서 교육은 사회적 가치를 내면화하여 학습자에게 가르쳐 태도변화 동기를 부여해야 한다. 영양태도 변화 동기 부여를 위한 교육체계 구성이 필요하다.

영양태도는 영양의 균형성, 건강의 유용성, 식생활의 규칙성, 영양환경의 공공성(식생활 문화) 등 영양행동을 개선하기 위한 사회여건 조성이 지속되어야 하며, 현재뿐 아니라 후손들의 건강과 영양을 향상시킬 수 있는 좋은 환경 조성이 수반되어야 한다.

따라서 건강한 환경을 지킬 수 있도록 자원의 이용계획에 생산자가 환경을 보호하는 생산방법을 채택하도록 동기를 부여하고 이익을 제공하는 방안이 마련되어야 하며, 환경수준은 현실사회에서 개인 행동변화를 가능하게 하는 각종의 자원이 정비되어 개인이 그것에 접근하고 유효하게 이용하는 데까지 고려하여 지표를 설정하여야 할 것이다.

일부 영양교육자들은 학교 내 영양교육에 있어서 중요한 것은 오늘날 복합적인 음식공급과 혼란스러운 음식정보 환경에서 영양적으로 현명한 소비자, 차세대의 능력 있는 의사결정자가 될 수 있도록 다양한 인식적·감각적 기술을 습득하게 하는 것이라고 제시한 바 있다. 이러한 기술은 건강문제 범위에만 국한되는 것이 아니라 식품안전, 음식생산, 마케팅, 소비행동의 행태학적, 사회적, 정치적 결과와 같은 식품영양·환경에 관련된 다양한 문제들을 평가할 수 있는 능력을 포함하여야 한다.

식행동에 영향을 주는 요인들을 분석하여 영양교육에 반영시키면 영양상태의 증진을 꾀할 수 있다. 그러나 이들 요인들은 독립적으로 영향을 미치는 것이 아니라 복합적으로 작용한다. 김정현(1990)은 한국인의 식행동에 식생활에 대한 가치관이 가장 큰 영향력을 가지고 있는 것으로 나타나 영양상태 개선 및 영양문제 해결을 위해서는 우선적으로 식생활에 대한 가치관 정립에 대한 교육이 실시되어야 한다고 제시하였다.

셋째, 기능목표 체계는 한국보건사회연구원, 보건복지부(2000)의 2010년 국민건강증진 목표 중 영양분야에서는 가장 주목이 되는 현상을 과다한 열량섭취 및 활동량 감소로 인한 비만인구의 증가, 식이 요인과 관련된 만성질환의 증가(당뇨병, 심혈관질환, 고혈압, 뇌혈관질환, 대장암 등), 잘못된 식습관과 영양불균형에 따른 건강상태 저하를 가장 크게 대두되는 문제로 설정하고, 개인별 최적 영양상태 확보를 통하여 국민 개개인의 건강을 증진시키고, 식이·체중과 관련된 만성질환을 감소시키는 것을 궁극적인 목표로 설정하였다.

영양문제 해결을 위해서는 영양문제의 원인, 심각성, 본질 등을 파악하고 장기적인 계획으로 해결방안 모색이 필요하다. 현재의 문제 해결뿐 아니라 다음 세대의 건강을 고려하여 환경보호 측면을 고려한 복지증진 프로그램과 정책을 수립해야 하는데 효과적인 해결방안은 학생들의 기초교육과정에서 체계적으로 관리능력을 키우는 길이다.

예방적 영양소 등에 대해서는 집단수준의 목표 설정 및 평가만이 아니라 개인에게서의 구체적인 '음식'으로서 얼마만큼 먹으면 좋은가 하는 목표 설정 방법을 의사 결정, 식품 선택으로 영양문제 해결기능 및 사고기능의 중심으로 생각할 수 있다. 선행연구에서는 주로 음식 만들기, 식품 선택하기 등을 기능체계로 제시하고 있다.

넷째, 지식목표 체계에는 영양현상 사실 자체를 대상으로 하여 무엇이 문제인지를 분명하게 가려내는 일도 그렇게 용이하지 않으며, 내재된 문제를 바르게 인식할 수 있도록 하는 것과 바른 영양지식을 체계적으로 알도록 하여야 한다. 영양지식은 사실지식, 개념지식, 일반화된 지식이 필요하며 그것은 개인의 행동변화를 일으키기 위해서 개인을 둘러싼 다양한 '환경' 외에 개인의 지식·태도와 관련된 변화가 그 '준비단계'로서 불가피하기 때문이다.

결론적으로 효과적인 프로그램은 행동 중심으로 계획하고 적합한 이론과 이전의 연구를 기초로 하는 것이다. 행동 중심의 영양교육은 건강하게 하는 식품과 영양 관련 행동을 스스로 적응하게 하고 촉진하기 위하여 일련의 학습경험을 활용한다. 어떤 행동을 다루는지는 국가의 영양목표와 과학 기초의 연구결과뿐만 아니라 표적 집단의 필요, 인지, 동기, 희망에 따라 정해진다.

한편 행동은 식습관의 환경적 요소에 관련된 것이라 하였고(Contento et. al, 1995; 355-364) 교육을 기초로 한 전략들은 일반적으로 환경들을 수정시키지 못하기 때문에 지속적으로 행동을 변화시키는 데는 제한적이라고 하였다.

환경요소는 미시환경이나 행동 혹은 생활방식의 행동 환경에서 시작한다. 행동이나 생활방식은 식습관이나 신체활동으로 정의되며, 여러 환경에서 일어날 수 있는 물리적인 작용과 식행동의 결정요인인 문화, 사회 환경은 그 환경에 따라 행동변화를 할 것인지, 아닌지를 선택하는 가장 가까운 요인으로 작용한다(Booth et. al, 2001; Sigman-Grant, 2002). 따라서 거시적인 식환경인 식생활 문화는 행동변화 결정요인으로 작용하기 때문에 목표의 영역을 달리 구분하여야 한다.

개인과 지역사회의 식행동을 변화시키는 것은 침입한 미생물을 죽이기 위해서 빨리 작용하는 약 처방하는 것과 같을 수 없다. 효과적인 영양교육은 단기간의 작업이 아니며 다양한 변화의 단계를 통하여 개인과 지역사회의 진보를 촉진하기 위한 시간이 필요하다. 건강에 이롭지 못한 방법으로 먹도록 유혹하는 식환경의 압력은 영양교육의 진행이 활발하게 될 때 유혹에서 벗어 날 수 있을 것이다. 그러므로 영양교육도 변화의 동기 부여, 강화 그리고 환경적 지원은 다중적이고 지속적으로 수준을 높여 치열한 경쟁에서 흔들리지 말아야 할 것이다.

학교 영양교육의 목표는 관련 문헌과 델파이 조사를 통하여 전문가의 합의된 의견으로 크게 두 영역의 대목표를 구성하였다. 하나는 개인의 식생활 관리능력을 스스로 조절할 수 있도록 하는 교육목표와 다른 하나는 개인의 식생활에 지대한 영향을 미치는 식환경 즉 식생활 문화에 대한 이해 영역으로 설정하였다. 그 하위목표로 행동, 태도, 기능, 지식 체계를 구조화하였다.

대목표로 첫째 학생 스스로 식생활 관리능력 배양을 위하여 일생 건강한 삶을 살아갈 수 있도록 생활 속에서 행동 실천, 건강개념 동기부여의 가치·태도, 익혀야 할 기능, 개인 차원에서 이루어지는 알아야 할 지식 체계로 구성하였다. 개인의 영양행동을 유도하여 심신의 건강을 획득하는 것은 구체적인 교육과정에 의하여 체계적인 교육내용과 교육 활동으로서 가능한 일 일 것이다. 그 개인의 영양행동은 그를 둘러싸고 있는 식생활환경이 의식, 무의식적으로 미치는 영향이 지대하며 그 영향은 개인적인 차원에서 변화시킬 수 없는 문제이기 때문에 둘째 대목표로 설정하였다. 국민기본공통교육과정에 포함되어 건전한 식문화를 형성하고 계승할 수 있도록 개인을 식행동을 통해 집단의 변화를 꾀하는 전략이 필요하다.

식생활 문화는 과거에서 시작되어 현재의 식환경를 만들고 있으며 현재는 식환경은 미래를 잉태하고 있는 것이다. 따라서 오늘날의 식생활 습관은 미래 식문화를 주도해 나가므로 개인의 식행동에 영향을 주는 오늘날의 음식문화와 식사예절에 대한 이해는 식문화 형성에 큰 역할을 한다. 그리고 우리의 식문화를 계승 발전시켜나는 역할이 우리 민족의 정체성을 확보할 수 있는 중요한 일이며 오늘날 살아가는 우리들의 책임일 것이다. 이러한 식생활이 문화를 근본적인 식환경으로 하여 개인의 식생활 관리능력을 훈련할 수 있는 교육목표를 행동변화 단계 체계로 구성하였다. 영양교육 효과연구에서 개인행동을 중심으로 한 교육보다는 영양환경을 고려한 교육이 행동변화 효과를 더한다는 연구결과에 따라 개인 행동변화에 식환경 조성을 근본으로 하는 구조로 다음과 같이 구성하였다.

(1) 제Ⅰ목표: 학생들 스스로 식생활을 조절할 수 있는 관리능력을 함양한다.
① 행동 - 올바른 식습관 형성으로 건강한 생활을 실천할 수 있다.
② 태도 - 올바른 식사 선택에 대하여 긍정적인 태도를 가질 수 있다.
③ 기능 - 식생활이 가져올 수 있는 여러 가지 문제들을 예방하고 개선할 수 있다.
④ 지식 - 건강과 영양과의 관계를 이해할 수 있다.

(2) 제Ⅱ목표: 음식문화와 식사예절에 대한 이해로 식문화를 발전시킬 수 있다.
① 행동 - 건전한 식생활 문화를 형성할 수 있다.
② 태도 - 올바른 식생활 가치를 갖도록 할 수 있다.
③ 기능 - 다양한 우리의 식생활 문화를 계승할 수 있다.
④ 지식 - 우리나라와 다른 나라의 식생활 문화를 이해할 수 있다.

## 나. 영양교육 내용

영양교육의 내용은 광범위하다. 나 자신의 생리현상의 지식과 영양소와의 관계를 이해하여야 한다. 영양소는 개개의 영양소에 한하는 것이 아니라 개개의 필수영양소 간의 조화의 원리를 가르쳐야 한다. 그럼으로 개개 식품의 특성이나 가치에 관한 지식에 한하는 것이 아니다.

영양교육의 핵심은 영양소의 공급원인 식품의 다양성을 강조하여야 하며 각 식품에 함유된 다양한 영양소의 균형을 이루는 식품의 혼합 원리와 중용의 수준을 제시하여야 한다. 이러한 다양한 식품이 지속적으로 나의 생리를 충족시킬 만큼 공급이 되려면 나와 내 가까운 환경과의 조화를 이루어야 한다. 환경과의 조화는 내가 환경의 동조를 얻어내야 한다는 뜻이다. 따라서 영양교육의 내용이나 목표는 인간생활 전반의 절제 있는 생활교육이어야 한다(김숙희, 1999)고 영양교육 내용에 대하여 설명하고 있다.

그리고 학교 영양교육은 다변화, 다양화, 세계화 등으로 급속히 변화하고 있는 시대에 적응하기 위해서는 바른 영양지식을 바탕으로 식생활 전반에 걸쳐 바른 계획, 의사결정, 선택, 실행이 이루어지도록 하게 하여 건강한 식생활을 영위하고, 바람직한 식문화를 형성하고 주도해 가게 하는 이론에 치우치지 않는 체험 중심의 교육이어야 한다(김경애·최현덕:1999). 따라서 영양교육 내용은 식생활에 대해 자신의 문제점을 스스로 발견하고, 올바른 가치관 정립을 통하여 실천하는 내용으로 일관성 있게 지속적으로 이루어질 수 있도록 구성되어야 한다.

## 1) 영양교육 내용 구조

Tylor는 학문(활동) 분야의 내용은 전문 분야와 교육대상자 및 사회에서 요구되는 것으로부터 합의되어 이끌어내야 한다고 하였다.

영양교육 내용구성에 대한 집단 간의 항목별 의견 도는 대부분 높은 동의 정도를 나타내어 큰 수정 없이 제시할 수 있다.

경제수준의 향상과 더불어 복지차원에서 요구되는 영양문제 예방과 식생활 습관 개선은 영양지식을 활용하여 행동을 수정할 수 있는 내

140

용으로 구성하는 것이 교육 효과를 높일 수 있다.

가) 행동(실천) 내용요소

실증연구를 통해, 식행동은 개인적인 영양지식만이 아니라 심리적 요소와 사회적인 동기의 영향을 받는데, 영양지식과 식습관 및 식행동 간의 불일치 현상이 있다는 결과를 보고하면서, 이를 연계시켜서 행동 변화를 일으킬 수 있는 실제적인 영양교육이 필요하다는 점을 강조하고 있다.

필요한 지식과 기능 및 태도를 거쳐 실질적인 행동의 변화를 실질적으로 이끌어 낼 수 있는 내용요소로 구성되어야 한다. 식행동은 외적, 내적 환경 요인들의 영향을 받아서 형성되는데 외적인 요인들로는 기후, 토질 등 식품생산이 가능한 조건 여부를 결정하는 '자연환경'과 기술, 생산, 분배 등의 '인위적인 환경', 종교, 인종, 경제수준, 사회 문화적 전통 및 개인이 속한 특수집단에서 식품을 선택하고 받아들이는 '사회 문화적 환경' 등이 있으며 내적인 요인으로는 '개인의 가치, 신념, 지식, 태도' 등이 있다. 이러한 내적. 외적 환경요인들에 의해 개개인이 선택하는 식품의 폭이 달라지고, 식행동이 결정되며, 이 식행동에 따라 영양상태가 좌우된다고 할 수 있다(Parrage, 1990).

일반적인 영양교육프로그램에서 교육의 효과는 연구의 기초가 되는 구조 즉 지식, 태도 그리고 행동양식(knowledge, attitudes, behavior)을 바탕으로 평가된다. 지식평가는 각각의 연구에 대해 개별적으로 진전된 것이며 특정 이력을 말한다. 대부분의 행동양식 측정은 특정음식 또는 음식그룹 섭취를 측정하는 것이었는데 이 측정방법은 만족스럽지 못하다는 것은 인식하고 있는 사실이다. 적절한 식사평가 방법 설정은 학교 내에서의 연구뿐만 아니라 모든 연구에 중요한 문제가 되고 있으며 대부분의 연구에서는 사회적 학습이론(social learning theory)이

행동양식의 변화를 초래한다는 것에 근거한 다양한 변수들을 측정한다. 대체적으로 일반 영양교육 프로그램들은 지식, 태도, 행동양식에 있어서의 변화를 적절한 결과로 생각한다.

행동 내용요소는 <표 Ⅳ-22>과 같다.

### 〈표 Ⅳ-22〉 영양교육의 행동 내용요소

| 구분 | 목표 Ⅰ<br>·학생들 스스로 식생활을 조절할 수 있는 관리능력을 함양한다 | 목표 Ⅱ<br>·음식문화 및 식사예절에 대한 이해로 식문화를 발전시킬 수 있다 |
|------|------|------|
| 행동<br>목표 | 올바른 식습관 형성으로 건강한 생활을 실천하기 | 건전한 식생활 문화를 형성할 수 있다 |
| 행동<br>내용요소 | (영양)<br>·실천 가능한 식행동 수정의 목표 설정하기<br>·식행동 선택기준과 사회 심리적 요소를 포함한 균형 잡힌 식사습관 형성<br>·적정 영양량 섭취하기<br><br>(식품)<br>·식품의 선택과 다루기 등<br>·식품계량습관 익히기<br>·즉석식품 선택 바르게 하기<br><br>(조리)<br>·건강한 식사 준비하기<br>·조리실습 및 평가하기<br><br>(식생활 관리)<br>·실천 가능한 식행동 실천하기<br>·외식선택방법의 실천<br>·식사일지 작성과 평가 | (식생활 문화 익히기)<br>·건전한 식사문화를 만들기<br>·식사예절 익히기 |

142

나) 태도(가치) 내용요소

십대 이전에 또래들은 서로의 행동에 상당한 영향을 미친다. 청소년기에서는 또래들이 영향을 미치는 성격과 강도가 변하는데 그룹의 규범을 강조할수록 직접적으로 특정 행동보다는 태도에 영향을 받게 된다(Crockett & Sims, 1995). 따라서 행동으로 이행되기 전 단계인 가치·태도에 동기 부여를 해주는 내용요소로 구성하여 실천 행동으로 이어지도록 한다. 태도 내용요소는 <표 Ⅳ-23>와 같다.

<표 Ⅳ-23> 영양교육의 태도 내용요소

| 구분 | 목표 Ⅰ<br>학생들 스스로 식생활을 조절할 수 있는 관리능력을 함양한다 | 목표 Ⅱ<br>음식문화 및 식사예절에 대한 이해로 식문화를 발전시킬 수 있다 |
|---|---|---|
| 태도<br>목표 | 올바른 식사 선택에 대한 긍정적인 태도를 가질 수 있다 | 다양한 식문화에 대한 가치에 긍정적인 태도를 가질 수 있다 |
| 태 도<br>내용요소 | (영양)<br>·건강유지를 위한 올바른 태도 형성<br>·내게 필요한 영양소 중요성 인식<br>(식품)<br>·올바른 식품 선택 및 식품표시 읽기의 중요성 인식<br>(식생활 관리)<br>·적정량의 음식섭취 태도, 가치 형성 | (식사예절)<br>·여러 나라의 식사예절 알기<br>·식품의 낭비와 환경문제 알기<br>(음식절약 가치, 태도, 예의) |

다) 기능(기술) 내용요소

영양문제 해결 기능, 의사결정 기능을 하는 기술이나 기능을 보유할 수 있는 내용요소로 구성되어야 하며 기능 내용요소는 <표 Ⅳ-24>와 같다.

〈표 Ⅳ-24〉 영양교육의 기능 내용요소

| 구분 | 목표 Ⅰ<br>학생들 스스로 식생활을 조절할 수 있는 관리능력을 함양한다 | 목표 Ⅱ<br>음식문화 및 식사예절에 대한 이해로 식문화를 발전시킬 수 있다 |
|---|---|---|
| 기능<br>목표 | 영양문제 예방 및 개선하기 | 다양한 우리의 식생활 문화를 계승할 수 있다 |
| 기능<br>내용요소 | (영양)<br>·성장단계별 영양의 특징 분석하기<br>·식생활과 영양문제 분석하기<br><br>(식품)<br>·가공(간편) 식품의 올바른 이용방법 분석<br>·안전한 식품관리 방법 분석<br><br>(식생활 관리)<br>·영양소 섭취실태 알아 분석하기<br>·영양문제에 따른 대처(실천)방안<br>·건강한 식생활 습관 분석하기<br>·건강한 미래를 위한 식사법 분석하기 | (식생활 문화의 계승)<br>·전통음식 맛보기<br>·전통음식의 조리 및 상차리기 |

라) 지식(인식·정보) 내용요소

영양적으로 건전한 행동을 하는 데에 필요한 식품과 영양에 대한 내용을 체계적으로 아는 것이다. 그 지식 내용요소는 <표 Ⅳ-25>과 같다.

144

〈표 IV-25〉 영양교육의 지식 내용요소

| 구분 | 목표 I<br>학생들 스스로 식생활을 조절할 수 있는 관리능력을 함양한다 | 목표 II<br>음식문화 및 식사예절에 대한 이해로 식문화를 발전시킬 수 있다 |
|---|---|---|
| 지식<br>목표 | 건강과 영양과의 관계를 이해에 필요한 지식 습득하기 | 우리나라와 다른 나라의 식생활 문화를 이해할 수 있다 |
| 지식<br>내용요소 | (영양)<br>·영양의 중요성 알기<br>·영양소와 인체대사, 소화흡수<br>·식생활과 건강과의 관계 알기<br><br>(식품)<br>·식품성분과 영양소 알기<br>·식품의 특성·저장방법 알기<br>·신선한 식품 구별하기<br><br>(식생활 관리)<br>·균형식에 필요한 지식 알기<br>·1인 한 끼 섭취분량 알기<br>·영양정보 판단하기 | (식생활 문화의 이해)<br>·우리나라의 식생활의 특징,<br>·전통식품의 우수성 알기,<br>·여러 나라의 음식문화 알기 |

## 5. 델파이 조사로 합의된 영양교육의 목표와 내용

우리나라 평균수명은 연장되었지만 건강수명은 오히려 단축되는 추세에 있어 의료비부담은 증가되고 있으며 건강의 주요 결정요인으로서 개인의 생활습관이 차지하는 비중이 52%에 달하고 있다. 학교 영양교육의 목표 설정은 예상되는 영양문제를 개인의 생활습관 예방 차원으로 우선 되어야 할 것이다. 그리고 델파이 조사의 영양교육 전문가들은 향후 10년간 예상되는 영양문제로 체중과다 인구비율 증가, 영양(섭취)불균형, 영양 관련 질병발생 증가, 식생활 변화, 유해한 식품섭취의 증가, 잘못된 영양지식 보급, 노인영양문제 등으로 추정하였다. 이것은 생활습관문제로서 학교에서 기본교육과정에서 예방해야 할 과제로 귀결된다. 따라서 미래 영양문제 예방에 중심을 둔 학교 영양교육목표와 내용에 대하여 영양교육 전문가의 합의된 의견을 다음과 같이 제시하였다.

영양교육 목표 및 내용요소에서 영양교육의 대목표 Ⅰ, Ⅱ와 그 하위목표 8가지에서 전 항목의 수렴도는 매우 높게 나타났으나 제1목표 중 1개 항목과 제2목표 중 3개 항목이 긍정적인 합의를 이루었다. 그러나 긍정적인 합의를 못한 항목에 대해서는 합의 정도 순위에서 매우 높은 정도를 나타내고 있는데 그 결과는 다음과 같다.

첫째, 제1목표 기능 영역의 식생활이 가져올 수 있는 여러 가지 문제들을 예방하고 개선할 수 있다는 긍정적인 합의를 이루었고, 긍정적으로 합의를 이루지 못한 하위목표 지식 영역의 '건강과 영양과의 관계를 이해할 수 있다', '기능 영역의 올바른 식사 선택에 대한 긍정적 태도를 가질 수 있다', '태도 영역에서는 올바른 식습관 형성으로 건강한 생활을 실천할 수 있다'를 합의 하였다.

제2목표 지식 영역의 우리나라와 다른 나라의 식생활 문화를 이해할 수 있다, 기능 영역의 다양한 우리의 식생활 문화를 계승할 수 있다, 태도 영역의 올바른 식생활 가치를 갖도록 할 수 있다는 긍정적인 합의를 이루었고, 긍정적으로 합의가 되지 못한 하위목표 '건전한 식생활 문화를 형성할 수 있다'가 합의되었다.

둘째, 영양교육 내용은 하위목표에 따른 교육내용으로 전체 41개 항목 중 27개 항목은 긍정적인 합의를 이루었으며 대체적으로 지식 영역의 항목보다는 행동 영역 항목이 긍정적인 합의를 많이 이루었다.

그 외 14개 항목에 대한 합의 정도는 매우 높게 나타났으나 표준편차
는 줄이지 못하였다. 긍정적인 합의를 이룬 교육내용은 다음과 같다.

- ◉ 영양 영역 – 성장단계별 영양의 특징, 내게 필요한 영양소 중요성
  인식, 실천 가능한 식행동 수정의 목표 설정하기, 식행동 선택기
  준과 사회 심리적 요소를 포함한 균형 잡힌 식사습관 형성, 적정
  영양량 섭취하기
- ◉ 식품 영역 – 식품의 특성 · 저장방법 알기, 가공(간편)식품의 올바
  른 이용방법, 안전한 식품관리방법, 올바른 식품 선택 및 식품
  표시 읽기의 중요성 인식, 식품의 선택과 다루기 등, 식품 계량
  습관 익히기, 즉석식품 선택 바르게 하기
- ◉ 조리 영역 – 건강한 식사준비하기, 조리실습 및 평가하기
- ◉ 식생활 관리 영역 – 영양정보 판단하기, 영양소 섭취실태 알아보
  기, 건강한 미래를 위한 식사법 알기, 올바른 식습관 태도 · 가치
  형성하기, 실천 가능한 식행동 실천하기, 식사일지 작성과 평가
- ◉ 식문화 영역 – 우리나라의 식생활의 특징, 여러 나라의 음식문화
  알기, 전통음식 맛보기, 전통음식의 조리 및 상차리기, 여러 나
  라의 식사예절 알기, 건전한 식사문화 만들기, 식사예절 익히기
  의 27개 항목이다.

셋째, 영양교육 내용의 적용은 긍정적으로 합의를 이룬 항목에 대해
여 필수적인 내용요소로 하고, 의견수렴도가 높으나 긍정적인 합의를
이루지 못한 항목에 대해서는 선택적인 내용요소로 적용할 수 있다.
긍정적인 합의를 이루지 못한 항목은 주로 지식 위주의 영역이었으며
행동 영역의 항목은 대체적으로 긍정적인 경향을 띠었다. 선택 항목은
영양 영역 – 영양의 중요성 알기, 영양소와 인체대사 · 소화흡수, 식생
활과 건강과의 관계 알기, 식생활과 영양문제 인식하기, 건강유지를

위한 올바른 태도 형성, 식품 영역 – 식품성분과 영양소 알기, 신선한 식품 구별하기, 식생활 관리 – 균형식에 필요한 지식 알기, 1인 한 끼 섭취분량 알기, 영양문제에 따른 대처(실천)방안, 건강한 식생활 습관 알기, 외식선택방법의 실천, 식문화 영역 – 전통식품의 우수성 알기, 식품의 낭비와 환경문제 알기 14개 항목이다.

# 결       론

# 1. 학교 영양교육 내용체계

## 가. 학교 영양교육 목표와 내용 구조

교육은 목표와 내용 및 과정이 일관성을 유지할 수 있어야 실질적 효과를 얻을 수 있기 때문에 구조적 체계가 필요하다.

영양문제는 영양현상의 인과(因果)관계를 뜻한다. 그 관계를 분석하는 과정에는 영양현상에 대한 사실, 개념, 법칙 등의 지식이 필요하다. 영양현상의 인과 관계를 밝혀낸 다음, 문제를 해결하기 위한 기능과 태도 및 행동이 뒤따라야 하며, 이는 근본적으로 개개인의 동기 부여가 있어야 가능하다.

영양교육은 그런 동기를 부여하는 데 필요한 지식과 기능 및 가치관을 안내하여 행동을 이끌어낼 수 있어야 한다. 이를 위하여 교육목표분류이론과 영양교육 일반 이론을 접목하여 목표를 행동, 태도, 기능, 지식 체계로 구성하였다.

**행동에서** 영양교육은 필요한 지식과 기능 및 태도를 가지고 실질적인 행동의 변화를 이끌어 낼 수 있어야 한다. 적절한 영양이 아동기와 청소년기의 성장과 발달에 중요하고 만성질병이 일찍 시작하기 때문에 행동이나 그들이 행동하게 하는 기술이 중요하다고 보는 것이다.

**태도에서** 교육은 사회적 가치를 내면화하여 학습자에게 가르쳐 태도변화 동기를 부여해야 한다. 영양태도 가치 변화 동기 부여가 행동으로 이어지기 위한 체계이다.

영양태도는 영양의 균형성, 건강의 유용성, 식생활의 규칙성, 영양환경의 공공성(식생활 문화) 등 영양행동을 개선하기 위한 사회여건 조성이 지속되어야 하며, 현재뿐 아니라 후손들의 건강과 영양을 향상시킬 수 있는 좋은 환경 조성이 수반되어야 한다.

**기능은** 개인별 최적 영양상태 확보를 통하여 국민 개개인의 건강을 증진시키고, 식이·체중과 관련된 만성질환을 감소시키는 것을 궁극적인 목표로 설정하였다. 영양문제 해결을 위해서는 영양문제의 원인, 심각성, 본질 등을 파악하고 계획적으로 해결하는 기능으로 현재의 문제 해결뿐 아니라 다음 세대의 건강을 고려하여 환경보호 측면을 고려한 복지증진 프로그램과 정책을 수립해야 하는데 효과적인 해결방안은 학생들의 기초교육과정에서 체계적으로 관리능력을 키우는 길이다.

그리고 **지식은** 영양현상 사실 자체를 대상으로 하여 내재된 문제를 바르게 인식할 수 있도록 하는 것과 바른 영양지식을 체계적으로 알도록 하는 것이다.

결국 행동, 태도, 기능, 지식체계의 학교 영양교육은 국가의 건강목표를 정확하게 신속히 달성하도록 만들 것이다. 왜냐하면 이 체계는 영양지식과 긍정적인 태도를 갖추고 영양문제 해결기능이 보유되면 자연스럽게 행동으로 실천할 수 있도록 행동체계 중심으로 구성되었기 때문이다.

## 나. 학교 영양교육의 문제점

학교 영양교육 문제점에 대하여 델파이 전문가는 영양교육의 인식부족과 체계적인 영양교육 프로그램의 부재, 영양교육 체계성 결여, 영양교육 전문가의 부족 및 활용 미흡함을 들었다. 보건복지부정책연구보고에서도 교과과정상 영양교육 실시여건 부족과 적절한 영양교육을 위한 자료가 부족하여 효과적인 교육이 이루어지지 목하고 있음을 지적하고 있다. 그러나 비전문적, 비영양학적인 영역을 비전문 분야에서 상당 부분 실행되고 있는 것이 영양교육을 어렵게 한다(오세영, 1999)는 근본적인 문제가 인식되어야 할 것이다.

현재 영양교육의 문제점에 대한 전문가패널들의 의견은 영양교육의 인식부족에서는 집단 간의 차이를 나타내었는데 그 이유는 식생활에 대한 관심이 높으나 이를 실제적으로 교육하는 방법과 체계가 부족한 것으로 생각하고 있으며, 인식은 되고 있으나 실천이 미흡하다고 하였다. 이와 같은 문제들을 해결하기 위해서 학교의 영양교육은 학생의 성장발달 단계에 따라 수준별로 계통성이 유지될 수 있도록 체계적으로 계획하여 보급하여야 하고 실천적 프로그램을 교육학적 입장에서 분석, 체계화하여야 하며 관련 학문과 연계하여 활성화해야 할 것이다.

## 다. 영양교육과 연계되어야 할 학문 분야

영양교육의 내용을 구성할 때 연계되어야 할 학문으로 보건학, 환경학, 의학(예방), 체육학, 교육학, 사회과학, 생물(과)학 순으로 응답하였다. 영양교육은 직접적으로 관계된 학문 외에도 사회과학과 자연과학 등 다학문적인 접근을 해야 하기 때문에 단일 학문으로 해결할 수 없는 문제이다. 따라서 관련학문과 연계된 교육과정을 구성하는 것은 효과적인 영양교육을 가능하게 할 것이다.

학교 영양교육은 크게 2가지 목표로 설정하고, 그 하위목표는 4가지 행동단계별로 구조화하였으며 하위목표에 따른 교육내용으로는 5개 영역을 범주로 설정하였다.

대목표는 개인 차원의 식생활 관리와 사회 문화적인 식생활 환경차원으로 이원화하고 하위목표는 행동, 태도, 기능, 지식 측면으로 구조화하였다.

내용체계는 지식의 요소가 바람직한 태도를 내적으로 형성하게 하고 외적으로는 행동의 변화를 유인하여 기대되는 행동결과를 교수방법에 의해 얻을 수 있도록 구성되어야 한다. 내면적인 지식과 태도가 외면적인 행동으로의 변화를 도모하려면 문제해결의 기능(기술)을 보유하여야 행동 실천으로 이어져 교육의 목표를 달성할 수 있다.

학교 영양교육 목표와 내용을 행동체계별로 구안하여 <표 Ⅳ-26>과 같이 체계화하였다.

## 〈표 Ⅳ-26〉학교 영양교육 내용체계

| 행동 체계 | 목표 Ⅰ<br>학생들 스스로 식생활을 조절할 수 있는 관리능력을 함양한다 | | | | | 목표 Ⅱ<br>음식문화와 식사예절에 대한 이해로 식문화를 발전시킬 수 있다 | |
|---|---|---|---|---|---|---|---|
| | 하위목표 | 영 양 | 식 품 | 조 리 | 식생활 | 하위 목표 | 식문화 |
| 행동 (B) | 올바른 식 습관 형성 으로 건강 한 생활 실 천하기 | ·실천 가능한 식 행동 수정의 목 표 설정하기, ·식행동 선택 기 준과 사회 심 리적 요소를 포 함한 균형 잡힌 식사습관 형성, ·적정 영양량 섭 취하기 | ·식품의 선택 과 다루기 등 ·식품 계량습 관 익히기 ·즉석식품 선택 바르 게 하기 | ·건강한 식사 준 비하기 ·조리 실 습 및 평 가하기 | ·실천 가능한 식 행동 실천하기, ·외식 선택방법 실천하기, ·식사일지 작성 과 평가하기 | 식생 활 문화 익히 기 | ·건전한 식사문 화 만들기, ·식사예절 익히 기 |
| 태도 (A) | 올바른 식 사 선택에 긍정적인 태도 갖기 | ·건강유지를 위 한 올바른 태 도 형성 ·내게 필요한 영양소 중요성 인식 | ·올바른 식품 선택 및 식 품표시 읽기 의 중요성 인 식 | | ·적정량의 음식 섭취 태도, 가 치 형성 | 식사 예절 | ·여러 나라의 식 사예절 알기, ·식품의 낭비와 환경 문제 알 기(음식 절약 가치·예의) |
| 기능 (S) | 영양문제 예방 및 개 선하기 | ·성장단계별 영 양의 특징 분석 ·식생활과 영양 문제 분석 | ·가공(간편) 식품의 올바 른 이용방법 분석, ·안전한 식품 관리 방법 분 석 | | ·영양소 섭취실태 알아보고 분석, ·영양문제에 따 른 대처(실천) 방안, ·건강한 식생활 습관 분석, ·건강한 미래를 위한 식사법 분 석 | 식생 활 문화 의 계승 | ·전통음식 맛보 기(맛 분석), ·전통음식의 조 리 및 상차리기 |
| 지식 (K) | 건강과 영 양과의 관 계 이해로 필요한 지 식 습득하 기 | ·영양의 중요성 알기, ·영양소와 인체 대사, 소화흡수 ·식생활과 건강 과의 관계 알기 | ·식품성분과 영양소 알기, ·식품의 특성 ·저장방법 알 기, ·신선한 식품 구별하기 | | ·균형식에 필요 한 지식 알기 ·1인 한 끼 섭 취분량 알기, ·영양정보 판단 하기 | 식생 활 문화 의 이해 | ·우리나라의 식 생활의 특징, ·전통식품의 우 수성 알기, ·여러 나라의 음 식문화 알기 |

# 참고문헌

강윤주 · 홍창호 · 홍영진(1997), 서울시내 초 · 중 · 고 학생들의 최근 18년 간(1979-1996) 비만도 변화추이 및 비만아 증가 양상, **한국영양학 회지,** 30(7) : 832-839.

강신복 · 주명덕 · 신영길(2001), **체육**(중학교 1), 서울 : 두산.

고현숙(1990), 여고생의 가정교과에 대한 인식 및 학습내용의 활용도에 관한 조사연구, **한국가정과교육학회지,** 1(1) : 22.

구재옥(1999), 초등학교 영양교육 실태와 발전방향, **대한영양사회 전국영양 사 학술대회자료집,** 37-71.

구재옥 · 김을상 · 황순녀 · 이영희 · 김지연(2001), **학동기 아동을 위한 영양 교육 프로그램 및 매체개발,** 건강증진기금연구사업보고서.

교육인적자원부(1997), **제7차교육과정,** 교육부 고시 제 1997-15호[별책 4].

교육인적자원부(1997), **가사 · 실업 계열 고등학교 전문교과 교육 과정,** 교육부 고시 1997-15호[별책 23].

교육인적자원부(1997), **실과(기술 · 가정)교육과정,** 교육부 고시 제 1997-15 호[별책10].

김경애 · 최현덕(1999), 중학생의 식생활 단원에 대한 인식과 식행동에 관한 연구, **한국가정과교육학회지,** 11(2) : 89-110.

김명 · 서혜경 · 서미경 · 김영복(1997), **보건교육 이론과 적용,** 서울 : 계축 문화사

김미옥(2000), **비만아동에 대한 영양교육 효과측정,** 단국대학교 대학원 석 사학위논문.

김상애(1990), 학교급식 프로그램의 영양교육적 효과 : 급식교 및 비급식교 어린이의 식생활에서 본, **한국영양식량학회지,** 19(4).

김숙희(2001), 학교급식 운영실태 분석 및 발전방안에 관한 연구, 교육인적 자원부 정책연구보고서 : **교육정책연구,** 2001-특07.

김숙희(1999), 국민영양교육 현황과 방향(한국영양교육의 방향), **한국가정생 활개선회심포지움자료집.**

김수자(1993), 실과의 식품영양 단원에 관한 교사 학생이 인지 및 학생의 지식, 태도, 기능간의 상관연구, **한국가정과교육학회지**, 5(1) : 97-111.

김윤신·한용봉(1994), 남녀 중학생들의 전통음식에 대한 의식과 기호도 조사연구-서울과 전주를 중심으로-, **한국가정과교육학회지**, 6(2) : 73-83

김정순(1989), 우리나라 사망원인의 변천과 전망, **대한역학회지**, 11 : 155-174.

김정현(1990), **한국인의 식행동에 영향을 주는 요인 분석**, 연세대학교 대학원 석사학위논문.

김채종(1999), 국민영양교육 현황과 방향(올바른 식생활을 위한 영양교육 자료개발 및 제작), **한국가정생활개선회 심포지움자료집**.

김초영(1989), 패스트푸드 이용실태 조사 및 영양밀도 평가에 관한 연구, **한국식생활문화학회지**, 5(3).

김혜자(1995), 식생활의 역사적 변천에 따른 학동기 영양교육의 중요성에 관한 고찰, **청주교육대학교 논문집**, 32.

류호경(1997), 청소년들의 체형에 대한 관심과 인식에 관한 조사연구, **지역사회영양학회지**, 2(2) : 197-205.

마루야 노부꼬(2002), 일본 학교 급식에서의 영양사의 역할 및 영양교육 활성화 방안, **대한영양사협회 전국영양사학술대회 발표자료**, 38-41.

문현경(2001), **한국영양행동계획 수용을 위한 국가적 전략개발(국가정책에 영양 목표의 반영)**, 한국보건산업진흥원·보건복지부, 136-143.

박동연(1997), 영양교육에 적용되는 이론과 모형, **지역사회영양학회지**, 2(1) : 97-104.

박혜순·이현옥·승정자(1997), 일부 도시지역 대학생들의 신체상과 섭식장애 및 영양 섭취양상, **지역사회영양학회지**, 2(4) : 505-514.

보건복지부(2002), **국민의 연령층별 식생활지침의 개발 및 보급**, 정책-식품-2002-63.

보건복지부·한국보건사회연구원(2002), **2001년도 국민건강·영양조사 제2권 : 만성질병편**.

서미경·주경식·최은진·문병윤·손애리·주승재(1999), **국민 건강증진을**

위한 보건교육 · 홍보사업 전략개발(지역사회 보건교육 중심으로), 한국보건사회연구원.

서울특별시교육청(2000), **중학교 교사연수를 위한 제7차교육과정 편성과 운영**.

송혜균 외(2001), **기술 · 가정**(중학교 1), 서울 : 대한교과서.

성화경 외(2001), **기술 · 가정**(중학교 1), 서울 : 동화사.

성화선 · 김정숙(2000), 제주도 중 · 고등학생의 용돈관리에 관한 연구. **한국가정과교육학회지**, 12(1).

승정자 · 이명숙 · 성미경 · 최미경 · 박동연 · 이윤신 · 김미현(2000), 우리나라 일부 초 · 중 · 고등학생들의 체질량지수 관련요인에 관한 분석, **대한지역사회영양학회**, 5(3) : 411-418.

신 철(2002), **청소년들의 외모 인식과 건강수준 실태조사**, 보건복지부 연구보고서.

신태영(1995), **기술예측 방법론**, 서울 : 과학기술정책연구소.

안숙자 · 강순아 · 안혜경 · 안향숙(1998), 남녀 중학생의 영양교육에 관한 연구(가정교과서의 식생활단원과 관련하여), **중앙대학교 생활과학논집**, 11(1) : 81-32.

오세영(1999), 국민영양교육 현황과 방향(영양교육의 현황과 문제점), **한국가정생활개선회 심포지움자료집**.

오세영 · 조미란 · 김진옥(2000), 성인여성을 대상으로 한 지방섭취제한행동 변화단계에 따른 사회심리적 요인 분석, **대한지역사회영양학회지**, 5(4) : 615-623.

오영호 · 오진주 · 지영건(2002), **만성질환실태와 관리방안**, 한국보건사회연구원연구보고서 2001-16.

오현주 · 홍성야(1997), 인천시내 남녀 중학생의 가정교과에 대한 인식 및 학습효과에 대한 연구 -식생활단원을 중심으로-, **한국가정과교육학회지**, 9(1) : 19-37

윤서석(1985), **증보 한국식생활사연구**, 서울 : 신광출판사.

윤서석(1987), 식생활문화의 전승과 창조, **대한가정학회지**, 25(4) : 185-191.

윤숙현(1998), 식생활의 문화적 의미, **산업기술연구논문집**, 제6집 : 209-219.

윤인경(1994), 미국의 가정과 교육, **한국가정과교육학회 학술대회지**, (1) :

17-34.

윤인경 외(2002), **실과**(초등학교 5), 교육인적자원부.

윤인경 외(2002), **실과**(초등학교 6), 교육인적자원부.

윤진숙·류호경(2000), 청년기 여성의 체형과 체중조절 경험에 따른 영양소 섭취량과 건강상태에 대한 비교 연구, **대한지역사회영양학회지**, 5(3) : 444-451.

윤현숙·노정숙·허은실(2001), 경남지역 초등교사의 영양교육에 대한 인식조사. **대한지역사회영양학회지**, 6(1) : 84-90.

이건숙(1994), **채소기피 아동에 대한 영양교육 효과**, 수원대학교 교육대학원 석사학위논문.

이경애·장영애·김우경(1993), 남녀대학생들의 한국전통음식에 대한 지식 및 평가에 관한 연구Ⅱ -평가 및 개선 방향에 대한 의견을 중심으로-, **대한가정학회지**, 31(4) : 18-191.

이기완·명춘옥·박영심·박태선·남혜원·김은경·장미라(1998), **한국인의 식생활 100년 평가**(Ⅱ), 서울 : 신광출판사.

이길표·주영애(1995), **전통가정생활문화연구**, 서울 : 신광출판사.

이도현(1989), **內訓**, 소혜왕후 한씨, 서울 : 진화당.

이명순(1992), **보건학 교육과정개발에 관한 연구**, 서울대학교 대학원 박사학위논문.

이명훈·김진수(2001), 한국과 일본의 기술·가정교과 교육과정의 비교 분석, **한국실과교육학회실과교육연구학술지**, 7(2) : 121-132.

이성우(1985), **한국요리문화사**, 서울 : 교문사.

이성웅(1987), **Delphi기술예측기법의 유용성에 관한 연구**, 전북대학교 대학원 박사학위논문.

이수희(1999), **중등 가정과 교육과정개발에 관한 연구**, 중앙대학교 대학원 박사학위논문.

이승신 외(2001), **기술·가정**(중학교 1), 서울 : 천재교육.

이영미·이민준(2002), **영양교육**, 서울 : 신광출판사.

이영숙·김영남(2000), 중학교 교과서 식생활 내용분석 -가정·체육·과학을 중심으로-. **한국가정과교육학회지**, 12(3) : 53-63.

이은정(1992), 중학교 가정과 교육에 대한 인식 및 교과 영역별 필요도에 관한 조사연구, **한국가정과 교육학회지**, 4(10) : 20.

이일하(1987), 중학교 남녀공수 가정과목의 식생활 교육내용에 관한 제언, **대한가정학회지**, 25(2).

이영숙(1999), **중학교 교과서 식생활 내용 분석**, 한국교원대학교 대학원 석사학위논문.

이정숙(1993), **영양교육을 위한 교육과정안 개발에 관한 연구**, 관동대학교 교육대학원 석사학위논문.

이정원 · 구재옥 · 김을상 · 박동연 · 김경원(2000), **건강생활 실천을 위한 초등학교 영양 교육 지침서 개발**, 보건복지부 연구보고서.

이종성(2001), **연구방법 21(델파이 방법)**. 서울 : 교육과학사.

이종영 · 김종옥 · 정동식(2001), **체육**(중학교 1), 서울 : 천재교육.

이춘식 · 최유현 · 유태명(2001), **실과(기술 · 가정)교육목표 및 내용체계 연구**(Ⅰ), 한국교육과정평가원 연구보고, RRC 2001-2.

이춘식 · 최유현 · 유태명(2002), **실과(기술 · 가정)교육목표 및 내용체계 연구**(Ⅱ) 한국교육과정평가원 연구보고, RRC 2002-10.

이홍규(1996), 한국인의 영양문제. 한국인의 각종질병발생 양상과 영양(영양/건강 연구의 필요성), **한국영양학회지**, 29(4) : 381-383.

장현숙 · 조필교(1995), 중학교 가정교과서 식생활 및 의생활단원에 대한 교사의 인식 및 활용, **한국가정과교육학회지**, 7(2) : 113-123.

전현주 · 윤인경(1991), '중학교 기술 · 가정' 교과 교육내용의 통합적 접근에 관한 연구, **한국가정과교육학회지**, 3(1) : 95-112.

정선순(1998), **초등학교 실과지도 내용의 적정화를 위한 연구**, 한국교원대학교 대학원 석사학위논문.

정은자(1996), **서울지역 초등학교의 영양교육 실시에 따른 조사연구**, 서울보건대학 논문집, 16.

조후종(1991), 한국전통음식 문화의 전승 방안(현행 교육과정 중심으로), **명지대학교 자연과학논문집**, 9(1).

채범석 · 김을상(1998), **영양학사전**, 서울 : 아카데미서적.

최석진 · 신동희 · 이선경 · 이동엽(1999), **학교환경교육 내용체계화 연구**, 한국환경교육학회 연구보고서.

한국교육개발원 교육과정개정연구위원회(1997), **제7차교육과정에 따른 교과**

교육과정개발 체제에 관한 연구, 연구보고CR 97-36.

한국보건사회연구원 · 보건복지부(2000), **2010년 국민건강증진 목표설정과 전략개발**, 용역보고서 2000-72.

한국보건산업연구원 · 보건복지부(2000), **한국영양행동계획 수용을 위한 국가적 전략개발**, 발간등록번호 A0063-65312-57-0121.

한성숙(1997), **초 · 중 · 고등학생들의 식생활과 영양섭취 실태가 학업성취와 체력에 미치는 영향**, 이화여자대학교 대학원 박사학위논문.

한옥수(1994), 일본의 가정과 교육, **한국가정과교육학회 학술대회지**, (1) : 3-15.

한혜영 · 김은영 · 박계월(1997), 급식학교에서의 영양교육이 아동의 영양지식, 식생활태도, 식습관, 식품기호도 및 잔식량에 미치는 영향, **한국영양학회지**, 30(10) : 1219-1228.

홍은정(1996), **중학교 가정과 교사와 학생들의 가정과목과 식생활 단원에 대한 인식 및 요구도 분석**, 서울대학교 대학원 교육학 석사학위논문.

홍은정 · 백희영(1996), 중학교 가정과 교사와 학생의 식생활단원 교육내용에 대한 요구도 분석, **대한가정학회지**, 343(6) : 287-306.

홍혜걸, 건강수명 5년 늘리자(한국인사망 원인 뭔가), 중앙일보 2001. 9. 24.

日本 文部科學省(平成12年), **食生活 を考えよう**(食生活學習敎材, 中學生用).

日本 文部科學省(平成12年), **食生活 を考えよう**(食生活學習敎材, 小學生用).

日本 文部科學省(平成12年), **食生活 を考えよう**(食生活學習敎材, 小學生指導者用).

日本 文部科學省(平成13年), **食に關する指導參考資料**(小學敎編) MESSC 1-0002.

日本 **高等學敎 敎育課程**(技術 · 家庭).

石毛直道(1983), **世界の 食事文化**. ドメマ出版.


Achterberg, C.L., Novak, J.D., and Gillispie(1985), Theory-Driven Research as a Means to Improve Nutrition Education, J of *Nutrition Education*, 17(5) : 170-184.

Anderson, et. al.(2001), *A Taxonomy for Learning, Teaching, and Assessing*, Longman.

Anakoch, P(2000), *A comparison of two Nutrition Education curricula, cookshops and food & Environment lessons*, Columbia University.

Booth, S.L., Sallis, J.F., Ritenbaugh, C., Hill, J.O., Birch, L.L., Frank, L.D., Glanz, K., Himmelgreen, D.A., Popkin, B.M., Rickard, K.A., Jeor, S.S., and Hays, N.P.(2001), Environmental and Social Factors Affect food Choice and Physical Activity, Rationale, Influences, and Leverage Points, *Nutrition Reviews*, 59(3) : S21-S39.

Brophy, J., Alleman, J., and O'Mahony, C.(2001), *Primary-Grade Students' Knowledge and Thinking about Food as a Cultural Universal*, Michigan State University.

Brush, K.H., Woolcott, D.M., and Kawash, G.F.(1986), Evaluation of an effective-based adult nutrition education program, *J of Nutrition Education*, 18(6) : 258-264.

Chaffin, W.W., and Talley, W.K.(1980), Individual stability in Delphi studies, *Technologyical Forecasting and Social Change*, 16 : 67-73.

Contento, I., Balch, G.I., Maloney, S.K., Bronner, Y.L., Olson, C.M., Lytle, L.A., and Swadener, S.S.(1995), The Effectiveness of Nutrition Education and Implications for Nutrition Education Policy, Program, and Research, A Review of Research. chapter 1. Introduction, *J of Nutrition Education*, 27(6) : 284-364.

Contento, I.R., Balch, G.I., Bronner, Y.L., Lytle, L.A., Maloney, S.K., and Olson, C.M.(1995), Theorical frameworks or models for nutrition education, *J of Nutrition Education*, 27(6) : 191-199.

Contento, I.R., and Murphy, B.M.(1990), Psycho-social factors differentiating people who reported making desirable change in their diets from those who did not, *J of Nutrition Education*, 22(1) : 6-14.

Contento, I.R., and Morin, K.(1988), *Manual for Developing a Nutrition Education Curriculum, Division of Science Technical and*

*Environmental Education*. UNESCO, Paris.

Contunga, N.(1988), TV ads on Saturday morning children's programming -what's new?, *J of Nutrition Education*, 20 : 125-127.

Crockett, S., and Sims, L.S.(1995), Environmental influences on children's eating, *J of Nutrition Education*, 27 : 235-249.

Gillespie, A.H.(1981), A theoretical framework for studying school nutrition education programs, *J of Nutrition Education*, 13(4) : 150-2.

Gilliespie, A.H., and Shafer, L.(1990), Position of the American Dietetic Association, Nutrition education for the public. *J Am Diet Asso*, 90 : 107-110.

Grossman, M.(1972), On the Concept of Health Capital and the Demand for Health. *J of Political Economy*, 80(2) : 223-255.

Gussow, J.D., and Contento, I.(1984), Nutrition education in a changing world, a conceptualization and selective review, *World Review of Nutrition and Dietetics*, 44 : 1-56.

Jamie, S., Mary, S., and Babara, K.(1998), Nutrition Education in Minnesota Public Schools, Perception and Practices of Teachers, *J of Nutrition Education*, 30 : 396-404.

Karen Glanz, and Michael P. Eriksen(1993), Individual and Community Models for Dietary Behavior Change, *J of Nutrition Education*, 25(2) : 80-85.

Kittle, P.G., and Sucker, K.P.(2000), Cultural Food, wadsworth : 10-15. Koch P.A.(2000), *A comparison of two Nutrition Education curricula : cookshops and food & Environment lessons*, Approved by the Committee on the Degree of Doctor of Education, Columbia University.

Lewis, M., Brun, J., Talmage, H., and Rasher, S.(1988), Teenagers and food choices, The Inpact of nutrition Education, *J of Nutrition Education*, 20(6) : 336-340.

Mead, M.(1949), Cultural patterning of nutritionally relevant behaviors, *J of the American Dietetic Association*, 25 : 677-680.

Norton, P.A., Falciglia, G.A., and Wagner, M.(1997), Status of nutrition Education in Ohio Elementary Schools, *J of Nutrition Education*, 29(2) : 92-97.

Parham, E.S.(1993), Nutrition Education Research in Weight Management among Adults. *J of Nutrition Education*, 25 : 258-268.

Parrage, I.M.(1990), Determinants of food consumption. *J Am Diet Assoc*, 90(5) : 661-663.

Pobock, R.S., Montgomery, D., and Gemlo, L.R.(1998), Modification of a School-Based Nutrition Education Curruculum to Be Culturally Relevant for Western Pacific Islands. *J of Nutrition Education*, 30(3) : 164-169.

Popkin, B.M.(1999), Urbanization, Lifestyle, Changes and the nutrition Transition, *World Development*, 27(11) : 1905-1916.

Porchaska, J.O., and Diclemente, C.C.(1983), Stages and processes of self change of smoking, Twoard an integrative model of change. *J Consult Clin Psychol*, 51 : 390-395.

Reynold, K.D., Hinton, A.W., Shewchuk, R.M., and Hickey, C.A.(1999), Social Cognitive Model of Fruit and Vegetable Consumption in Elementary School Children, *J of Nutrition Education*, 31(1) : 23-30.

Ruts, S.D.(1993), Nutrition Educators Should Practice What They Teach, *J of Nutrition Education*, 25(2) : 87-88.

Schwarz, N.E.(1975), Nutrition Knowledge, attitude, and practices of highschool graduates, *J Am Diet Assoc*, 66 : 28.

Scott, W.(1974), Consumer Socialization, *J of consumer research*, 1 : 1-14.

Sigman-Grant, M.(2002), Holistic Approach to Overweight/Obesity Issues, *J of Family & Consumer Science*, 94(4) : 13-16.

Sigman-Grant, M.(1996), Stages of change in dietary fatk reduction, Social Psychological correlates, *J of Nutrition Education*, 27 :

191-199.

Skinner, J.D., Cunningham, J.L., Cagle, L.C., Miller, S.W., Teets, S.T., and Andrews, F.E.(1985), An integrative nutrition education framework for preschool through grade12, *J of Nutrition education*, 17(3) : 75-80.

Slims, L.S.(1981), Toward and understanding of attitude assessment in nutrition research, *J of Nutrition Education*, 78 : 460-466.

Story, M., and Alton, I.(1991), *Current perspective on adolescent obesity*, Top Clin Nutr, 6 : 51-56.

Wadsworth, B.J.(1989), *Piage's theory of cognitive and affective development*. New York, Longman.

Whitehead, F.(1973), Nutrition Education Research. *World Review of Nutrition and Dietetics*, 17 : 91-149.

# 부　　록

1. 델파이 1차 설문지

2. 델파이 2차 설문지

3. 델파이 3차 설문지

166

## ☆영양 교육과정 내용 체계화 연구를 위한 1차 델파이 설문지

안녕하십니까?

저는 단국대학교 대학원 식품영양학과에서 박사과정을 수료하고, 학교 영양교육 내용체계에 대한 내용을 연구하고자 합니다. 그 방법으로 델파이 조사 통계법을 이용하여 영양교육목표와 그 내용체계를 세우기 위한 이론적인 기초연구와 영양교육 과정 기틀 마련에 기여하고자 합니다. 이 연구는 미래의 영양문제를 추정하고 학교 영양교육 내용구조와 목표, 학생들의 영양관리능력 체계 등이 포함되며, 국내·외 관련 선행연구물에 대한 고찰과 분석을 하였습니다.

따라서 이 연구결과에서 이론적 구성내용은 선행연구에 바탕을 두고 있으며, 연구자 개인의 의견이 아니라 여러 차례의 델파이 조사를 통해 영양교육에 관련되는 전문가 집단의 공통적인 집약된 의견이 모아지기를 기대합니다.

이 연구와 관련하여 선생님을 영양교육 패널로 모시고자 하오니 승낙해 주시면 연구에 큰 도움이 되겠습니다. 또한 1차 설문지에 응답하신 내용은 본 연구를 위해서만 사용될 것입니다. 선생님께서 이 연구의 패널에 승낙하신다면 본 설문지의 승낙서에 이메일 주소를 꼭 기입해 주시기 바랍니다. 2차 델파이 조사부터는 전자우편을 함께 이용하여 의견을 수렴하고자 합니다.

설문에 응답해 주셔서 대단히 감사합니다.

2002. 9.

단국대학교 대학원 식품영양학과

황 순 녀

〈제1차〉

※ 다음 델파이 조사 설문지에 선생님의 전문적인 의견을 적어주시기 바랍니다. 각 문항에 대한 참고자료가 필요하실 때에는 설문지의 붙임 자료를 참고하셔도 됩니다. 붙임 자료는 지금까지 연구된 내용을 간략히 정리해 놓은 것입니다.

1. 미래 영양문제 추정에 대하여 현재 사회 변동 추세를 고려할 때, 우리나라 국민의 영양에는 어떤 문제가 발생할 것으로 추정할 수 있습니까?
   앞으로 10년간 (2003-2013)을 기간으로 설정하여 예상되는 문제를 가장 중요하다고 생각하시는 순서대로 제시하여 주시기 바랍니다.
   (1)
   (2)
   (3)

2. 위에서 제시하신 영양문제를 예방하기 위해서 현재 해야 할 일은 무엇이라고 생각하십니까?
   (1) 정부가 해야 할 일:
   (2) 사회가 해야 할 일:
   (3) 가정이 해야 할 일:
   (4) 학교가 해야 할 일:
   (5) 개인이 해야 할 일:

3. 학교 영양교육은 무엇을 목표로 해야 한다고 생각하십니까?

4. 위의 영양교육 목표에 비추어 볼 때, 현재 학교 영양교육의 문제점이라고 생각하시는 것을 중요한 순서대로 세 가지만 제시해 주십시오.

   (1)

   (2)

   (3)

5. 미래 지향적인 영양교육을 하기 위해서는 내용을 어떻게 구성해야 할지, '지식, 기능, 태도, 행동'으로 나누어 제시하여 주십시오 (붙임 자료 참고하시고, 그 외 내용도 포함).

   (1) 지식           (2) 기능

   (3) 태도           (4) 행동

6. 영양교육의 내용을 구성할 때, 영양·식품·조리·식생활·문화 영역 외에 연계시켜야 할 학문 분야는 무엇이라고 보십니까?

   (예시: 체육, 교육학, 의학, 환경학, 보건학, 사회과학 등)

   (1)

   (2)

   (3)

감사합니다. 2차 조사에도 적극 협조하여 주실 것을 부탁드립니다.

## ☆ 영양교육 과정 내용 체계화 연구를 위한 2차 델파이 설문지

안녕하십니까?

학교 영양교육 과정 내용 체계화에 대한 연구와 관련하여 지난 9월에 1차 델파이 설문지를 발송하여 응답해 주신 바 있습니다. 델파이 조사 전문가로 참여해 주신 데 대해 다시 한번 감사드립니다.

이 설문지는 2차 델파이 설문지로써, 1차 설문지의 의견을 모두 수합하여 공통적인 요소를 추출한 후 유목화하여 만들어졌습니다. 이 과정에서 상당히 다양한 의견이 모아진 만큼 이러한 의견을 합의해 가기 위해 아래에 제시된 문항에 응답해 주시고 또 다른 보충 의견이 있으시면 의견란에 적어주시면 됩니다.

영양교육의 전문가로서 좋은 의견을 부탁드립니다. 3차 델파이 설문 의뢰는 12월 말경에 있을 예정입니다. 설문지의 도착 주소를 변경하고자 하시면 적어주시기 바랍니다.

우편발송 없이 전자메일로만 받기 원하시는 분은 아래에 체크해 주십시오.

**(전자메일로만 3차 델파이 조사 의뢰서 발송요청_____)**

설문에 응답해 주셔서 감사합니다.

2002년 11월

단국대학교 대학원 식품영양학과  황 순 녀

**02-708-6559, 016-301-2194, ryssia@hanmail.net**

□ 응답 및 발송에 관한 안내

1. 2차 델파이 조사 설문지는 우편으로 발송합니다.

2. 응답 기한: 12월 6(금)까지 도착할 수 있도록 해주십시오.(반송용
   우편, 전자메일, 모두 가능. 이 기간이 지났을 때에는 전화로 문의
   해주시기 바랍니다.)

3. 본 조사와 관련하여 의문사항이 있으시면, 문의해 주시기 바랍니다.
   02-708-6559, (fax)02-708-6644, 016-301-2194, ryssia@hanmail.net

4. 변경된 수취주소
   : ( - )_____

---

※ 다음은 학교 영양교육의 목표와 내용구성, 현재 학교 영양교육
의 문제점에 대해 선생님들께서 응답하신 내용을 정리한 것입니다.
초, 중, 고등학교에서 반드시 알아야 할 최소한의 내용을 선택하여
주시고, 각 항목에 대한 동의 정도를 5간 척도에 평정하여 주시기
바랍니다.

# Ⅰ. 학교 영양교육의 목표에 대해서

영양교육의 목적을 크게 두 가지로 하고 하위목표는 지식적인 면, 기능적인 면, 태도적인 면, 행동적인 측면으로 나누어 보았습니다.

| 식생활<br>영 역<br>목 적 | | Ⅰ. 학생들 스스로 식생활을 조절 할 수 있는 관리능력을 함양한다 | Ⅱ. 음식문화 및 식사예절에 대한 이해로 식문화를 발전시킬 수 있다. |
|---|---|---|---|
| 하 위<br>목 표 | 지식 | 1. 건강과 영양과의 관계를 이해할 수 있다. | 1. 우리나라와 다른 나라의 식생활 문화를 이해할 수 있다. |
| | 기능 | 2. 식생활이 가져 올 수 있는 여러 가지 문제들을 예방하고 개선할 수 있다. | 2. 다양한 우리의 식생활 문화 계승할 수 있다. |
| | 태도 | 3. 올바른 식사 선택에 대한 긍정적 태도를 가질 수 있다. | 3. 올바른 식생활 가치를 갖도록 할 수 있다. |
| | 행동 | 4. 올바른 식습관 형성으로 건강한 생활을 실천할 수 있다. | 4. 건전한 식생활 문화를 형성할 수 있다. |

□ 식생활 영역의 교육목적에 동의하시는 정도를 체크해 주십시오.


Ⅰ. 학생들 스스로 식생활을 조절할 수 있는 관리 능력 함양한다

| | 전혀<br>동의하지<br>않는다 | 동의하지<br>않는다 | 그저<br>그렇다 | 동의<br>한다 | 매우<br>동의<br>한다 |
|---|---|---|---|---|---|
| 1. 건강과 영양과의 관계를 이해할 수 있다. ⋯⋯⋯⋯⋯ | 1 | 2 | 3 | 4 | 5 |
| 2. 식생활이 가져 올 수 있는 여러 가지 문제들을 예방하고 개선할 수 있다. ⋯ | 1 | 2 | 3 | 4 | 5 |
| 3. 올바른 식사 선택에 대한 긍정적 태도를 가질 수 있다. ⋯⋯⋯⋯ | 1 | 2 | 3 | 4 | 5 |
| 4. 올바른 식습관 형성으로 건강한 생활을 실천할 수 있다. ⋯⋯⋯⋯⋯ | 1 | 2 | 3 | 4 | 5 |


Ⅱ. 음식문화 및 식사예절에 대한 이해로 식문화를 발전시킬 수 있다.

| | 전혀<br>동의하지<br>않는다 | 동의하지<br>않는다 | 그저<br>그렇다 | 동의<br>한다 | 매우<br>동의<br>한다 |
|---|---|---|---|---|---|
| 1. 우리나라와 다른 나라의 식생활 문화를 이해 할 수 있다. ⋯⋯⋯⋯ | 1 | 2 | 3 | 4 | 5 |
| 2. 다양한 우리의 식생활 문화를 계승할 수 있다. ⋯⋯⋯⋯⋯ | 1 | 2 | 3 | 4 | 5 |
| 3. 올바른 식생활 가치를 갖도록 할 수 있다. ⋯⋯⋯⋯⋯ | 1 | 2 | 3 | 4 | 5 |
| 4. 건전한 식생활 문화를 형성할 수 있다. ⋯⋯⋯⋯⋯ | 1 | 2 | 3 | 4 | 5 |

## Ⅱ. 학교 영양교육의 내용구성에 대해서

다음은 하위목표에 따른 영양학적 측면 식품학적 측면 조리, 식생활 관리의 측면에서 학습해야 할 내용들입니다. 목표에 적합한 내용인지 평정해 주십시오.

## Ⅰ-1. 건강과 영양과의 관계 이해에 필요한 지식 습득하기

### Ⅰ-1-① 영양

|  | 전혀<br>동의하지<br>않는다 | 동의하지<br>않는다 | 그저<br>그렇다 | 동의<br>한다 | 매우<br>동의<br>한다 |
|---|---|---|---|---|---|
| 1. 영양의 중요성 알기 ····················· | 1 | 2 | 3 | 4 | 5 |
| 2. 영양소와 인체대사, 소화흡수 ········· | 1 | 2 | 3 | 4 | 5 |
| 3. 식생활과 건강과의 관계 알기 ········ | 1 | 2 | 3 | 4 | 5 |

### Ⅰ-1-② 식품

|  | 전혀<br>동의하지<br>않는다 | 동의하지<br>않는다 | 그저<br>그렇다 | 동의<br>한다 | 매우<br>동의<br>한다 |
|---|---|---|---|---|---|
| 1. 식품성분과 영양소 알기 ················· | 1 | 2 | 3 | 4 | 5 |
| 2. 식품의 특성, 관리방법 알기 ··········· | 1 | 2 | 3 | 4 | 5 |
| 3. 신선한 식품 구별하기 ···················· | 1 | 2 | 3 | 4 | 5 |

### Ⅰ-1-③ 식생활 관리

|  | 전혀<br>동의하지<br>않는다 | 동의하지<br>않는다 | 그저<br>그렇다 | 동의<br>한다 | 매우<br>동의<br>한다 |
|---|---|---|---|---|---|
| 1. 균형식에 필요한 지식 알기 ············ | 1 | 2 | 3 | 4 | 5 |
| 2. 1인 한 끼 섭취분량 알기 ·············· | 1 | 2 | 3 | 4 | 5 |
| 3. 영양정보 판단하기 ························· | 1 | 2 | 3 | 4 | 5 |

# Ⅰ-2. 영양문제 예방 및 개선하기

### Ⅰ-2-① 영양

| | 전혀<br>동의하지<br>않는다 | 동의하지<br>않는다 | 그저<br>그렇다 | 동의<br>한다 | 매우<br>동의<br>한다 |
|---|---|---|---|---|---|
| 1. 성장단계별 영양의 특징 ·················· | 1 | 2 | 3 | 4 | 5 |
| 2. 식생활과 영양문제 인식하기 ··········<br>(예: 건강체중, 바람직한 체형인식) | 1 | 2 | 3 | 4 | 5 |

### Ⅰ-2-② 식품

| | 전혀<br>동의하지<br>않는다 | 동의하지<br>않는다 | 그저<br>그렇다 | 동의<br>한다 | 매우<br>동의<br>한다 |
|---|---|---|---|---|---|
| 1. 가공(간편)식품의 올바른 이용방법 · | 1 | 2 | 3 | 4 | 5 |
| 2. 안전한 식품 관리방법 ····················· | 1 | 2 | 3 | 4 | 5 |

### Ⅰ-2-③ 식생활 관리

| | 전혀<br>동의하지<br>않는다 | 동의하지<br>않는다 | 그저<br>그렇다 | 동의<br>한다 | 매우<br>동의<br>한다 |
|---|---|---|---|---|---|
| 1. 영양소 섭취실태 알아보기 ·············· | 1 | 2 | 3 | 4 | 5 |
| 2. 영양문제에 따른 대처(실천)방안 ····<br>(예: 아침 식사환경, 싱겁게 먹기,<br>결식, 과식 등) | 1 | 2 | 3 | 4 | 5 |
| 3. 건강한 식생활 습관 알기 ··············· | 1 | 2 | 3 | 4 | 5 |
| 4. 건강한 미래를 위한 식사법 알기 ··· | 1 | 2 | 3 | 4 | 5 |

# Ⅰ-3. 올바른 식사 선택에 대한 긍정적인 태도를 가질 수 있다

### Ⅰ-3-① 영양

| | 전혀<br>동의하지<br>않는다 | 동의하지<br>않는다 | 그저<br>그렇다 | 동의<br>한다 | 매우<br>동의<br>한다 |
|---|---|---|---|---|---|
| 1. 건강유지를 위한 올바른 태도 형성 | 1 | 2 | 3 | 4 | 5 |
| 2. 내게 필요한 영양소 중요성 인식 ··· | 1 | 2 | 3 | 4 | 5 |

### Ⅰ-3-② 식품

| | 전혀<br>동의하지<br>않는다 | 동의하지<br>않는다 | 그저<br>그렇다 | 동의<br>한다 | 매우<br>동의<br>한다 |
|---|---|---|---|---|---|
| 1. 올바른 식품 선택 및 식품표시 읽<br>기의 중요성 인식 ·················· | 1 | 2 | 3 | 4 | 5 |

### Ⅰ-3-③ 식생활 관리

| | 전혀<br>동의하지<br>않는다 | 동의하지<br>않는다 | 그저<br>그렇다 | 동의<br>한다 | 매우<br>동의<br>한다 |
|---|---|---|---|---|---|
| 1. 올바른 식습관 태도, 가치형성 ········ | 1 | 2 | 3 | 4 | 5 |

## I-4. 올바른 식습관 형성으로 건강한 생활 실천하기

### Ⅰ-4-① 영양

| | 전혀<br>동의하지<br>않는다 | 동의하지<br>않는다 | 그저<br>그렇다 | 동의<br>한다 | 매우<br>동의<br>한다 |
|---|---|---|---|---|---|
| 1. 실천 가능한 식행동 수정의 목표<br>설정하기 ·················· | 1 | 2 | 3 | 4 | 5 |
| 2. 식행동 선택기준과 사회 심리적 요소<br>를 포함한 균형 잡힌 식사습관 형성 | 1 | 2 | 3 | 4 | 5 |
| 3. 적정 영양량 섭취하기 ·················· | 1 | 2 | 3 | 4 | 5 |

### Ⅰ-4-② 식품

| | 전혀<br>동의하지<br>않는다 | 동의하지<br>않는다 | 그저<br>그렇다 | 동의<br>한다 | 매우<br>동의<br>한다 |
|---|---|---|---|---|---|
| 1. 식품의 선택과 다루기 등 ··············· | 1 | 2 | 3 | 4 | 5 |
| 2. 식품 계량습관 익히기 ··················· | 1 | 2 | 3 | 4 | 5 |
| 3. 즉석식품 선택 바르게 하기 ·········· | 1 | 2 | 3 | 4 | 5 |

### Ⅰ-4-③ 조리

| | 전혀<br>동의하지<br>않는다 | 동의하지<br>않는다 | 그저<br>그렇다 | 동의<br>한다 | 매우<br>동의<br>한다 |
|---|---|---|---|---|---|
| 1. 건강한 식사 준비하기 ··················· | 1 | 2 | 3 | 4 | 5 |
| 2. 조리실습 및 평가하기 ··················· | 1 | 2 | 3 | 4 | 5 |

## Ⅲ. 음식문화 및 식사예절에 대해서

다음은 두 번째 목표 음식문화 및 식사예절에 대한 이래로 식문화를 발전시킨다는 목표 아래 학습할 수 있는 내용들입니다. 학습내용의 적절성을 평가해 주십시오.

### Ⅱ-1. 식생활 문화의 이해

|  | 전혀<br>동의하지<br>않는다 | 동의 하지<br>않는다 | 그저<br>그렇다 | 동의<br>한다 | 매우<br>동의<br>한다 |
|---|---|---|---|---|---|
| 1. 우리나라의 식생활의 특징 ………… | 1 | 2 | 3 | 4 | 5 |
| 2. 전통식품의 우수성 알기 ……………… | 1 | 2 | 3 | 4 | 5 |
| 3. 여러 나라의 음식문화 알기 ………… | 1 | 2 | 3 | 4 | 5 |

### Ⅱ-2. 식생활 문화 계승

|  | 전혀<br>동의하지<br>않는다 | 동의하지<br>않는다 | 그저<br>그렇다 | 동의<br>한다 | 매우<br>동의<br>한다 |
|---|---|---|---|---|---|
| 1. 전통 음식 맛보기 ……………………… | 1 | 2 | 3 | 4 | 5 |
| 2. 전통 음식의 조리 및 상차리기 ……… | 1 | 2 | 3 | 4 | 5 |

### Ⅱ-3. 식사예절

|  | 전혀<br>동의하지<br>않는다 | 동의하지<br>않는다 | 그저<br>그렇다 | 동의<br>한다 | 매우<br>동의<br>한다 |
|---|---|---|---|---|---|
| 1. 여러 나라의 식사예절 알기 ………… | 1 | 2 | 3 | 4 | 5 |
| 2. 식품의 낭비와 환경문제 알기 ……… | 1 | 2 | 3 | 4 | 5 |

### Ⅱ-4. 식생활 문화 익히기

|  | 전혀<br>동의하지<br>않는다 | 동의하지<br>않는다 | 그저<br>그렇다 | 동의<br>한다 | 매우<br>동의<br>한다 |
|---|---|---|---|---|---|
| 1. 건전한 식사문화 만들기 ……………… | 1 | 2 | 3 | 4 | 5 |
| 2. 식사예절 익히기 ……………………… | 1 | 2 | 3 | 4 | 5 |

의견:

| Ⅰ-4-④ **식생활 관리** | 전혀<br>동의하지<br>않는다 | 동의하지<br>않는다 | 그저<br>그렇다 | 동의<br>한다 | 매우<br>동의<br>한다 |
|---|---|---|---|---|---|
| 1. 실천 가능한 식행동 실천하기(예: 다<br>양한 음식섭취, 규칙적인 식사 등) | 1 | 2 | 3 | 4 | 5 |
| 2. 외식선택방법의 실천(예: 패스트푸드<br>의 섭취제한, 바른 간식, 외식하기 등) | 1 | 2 | 3 | 4 | 5 |
| 3. 식사일지 작성과 평가 ·················· | 1 | 2 | 3 | 4 | 5 |

Ⅳ. **현재 영양교육의 문제점에 대해서** 그 구체적인 내용에 대해 어떻게 생각하시는지 각 문항에 응답해 주십시오.

| | 전혀<br>동의하지<br>않는다 | 동의하지<br>않는다 | 그저<br>그렇다 | 동의<br>한다 | 매우<br>동의<br>한다 |
|---|---|---|---|---|---|
| 1. 영양교육의 인식 부족 ·················· | 1 | 2 | 3 | 4 | 5 |
| 2. 체계적인 영양교육 프로그램의 부재<br>(예: 학교급식과 연계한 영양교육 미흡 등) | 1 | 2 | 3 | 4 | 5 |
| 3. 영양교육 체계성 결여 ·················· | 1 | 2 | 3 | 4 | 5 |
| 4. 영양교육 전문가의 부족 및 활용 미흡 | 1 | 2 | 3 | 4 | 5 |

의견:

종합의견:

□ 응답자: (             ), 근무처: (           )


- 감사합니다. 3차 조사에도
적극 협조하여 주실 것을 부탁드립니다.-

## ☆ 영양 교육과정 내용 체계화 연구를 위한 3차 델파이 설문지

안녕하십니까?

학교 영양교육 과정 내용 체계화에 대한 연구와 관련하여 지난 11월에 2차 델파이 설문지를 발송하여 응답해 주신 바 있습니다. 델파이 조사 전문가로 참여해 주신 데 대해 다시 한번 감사드립니다.

이 설문지는 3차 델파이 설문지로써, 2차 설문지를 통계처리 조사하여 다시 한번 더 의견을 듣기 위하여 만들었습니다.

영양교육의 전문가로서 좋은 의견을 부탁드립니다.

설문에 응답해 주셔서 감사합니다.

2003년 1월

연구자  황 순 녀 올림

### 응답 및 발송에 관한 안내

1. 응답 기한: 2월 8일까지 도착할 수 있도록 해주십시오.(이 기간이 지났을 때에는 전화로 문의해주시기 바랍니다.)

2. 본 조사와 관련하여 의문사항이 있으시면, 문의해 주시기 바랍니다.
   02-708-6559, (fax)02-708-6644, 016-301-2194, ryssia@hanmail.net

※ 아래 응답 척도의 상단에는 2차 델파이 설문에 대한 전문가들의 응답결과를 요약하여 중앙치는 Md로, 사분점 간 범위는 〔 〕로, 선생님의 2차 응답은 x로 표시하였습니다. 그 하단에는 각 질문에 대해 다시 응답하실 수 있도록 하였습니다. 문항별로 응답하시되 그 의견이 대다수 전문가들의 추정치와는 달리 〔 〕의 범위를 벗어날 경우에는 그 이유를 의견란에 적어 주시기 바랍니다.

## I. 학교 영양교육의 목표에 대해서

### I-1. 학생들 스스로 식생활을 조절할 수 있는 관리능력 함양한다

|  | 전혀<br>동의하지<br>않는다 | 동의하지<br>않는다 | 그저<br>그렇다 | 동의한다 | 매우<br>동의한다 |
|---|---|---|---|---|---|

Md

1. 건강과 영양과의 관계를 이해할 수 있다.

1 · · · · · 2 · · · · · 3 · · · · [4 · · · · 5]

1       2       3       4       5

의견:

Md

2. 식생활이 가져올 수 있는 여러 가지 문제들을 예방하고 개선할 수 있다.

1 · · · · · 2 · · · · · 3 · · · · [4 · · · · 5]

1       2       3       4       5

의견:

Md

3. 올바른 식사 선택에 대한 긍정적 태도를 가질 수 있다.

1 · · · · · 2 · · · · · 3 · · · · [4 · · · · 5]

1       2       3       4       5

의견:

Md

4. 올바른 식습관 형성으로 건강한 생활을 실천할 수 있다.

1 · · · · · 2 · · · · · 3 · · · · [4 · · · · 5]

1       2       3       4       5

의견:

## II-2. 영양문제 예방 및 개선하기

| ① 영양 | 전혀 동의하지 않는다 | 동의하지 않는다 | 그저 그렇다 | 동의한다 | 매우 동의한다 |
|---|---|---|---|---|---|

|  |  |  |  | Md |  |
|---|---|---|---|---|---|
| 1. 성장단계별 영양의 특징 | 1 · · · · · 2 · · · · · 3 · · · · · [4] · · · · · 5 | | | | |
|  | 1 | 2 | 3 | 4 | 5 |
| 의견: | | | | | |

|  |  |  |  |  | Md |
|---|---|---|---|---|---|
| 2. 식생활과 영양문제 인식하기<br>(예: 건강체중, 바람직한 체형인식) | 1 · · · · · 2 · · · · · 3 · · · · · 4 · · · · · [5] | | | | |
|  | 1 | 2 | 3 | 4 | 5 |
| 의견: | | | | | |

| ② 식품 | 전혀 동의하지 않는다 | 동의하지 않는다 | 그저 그렇다 | 동의한다 | 매우 동의한다 |
|---|---|---|---|---|---|

|  |  |  |  | Md |  |
|---|---|---|---|---|---|
| 1. 가공(간편)식품의 올바른 이용방법 | 1 · · · · · 2 · · · · · 3 · · · · · [4] · · · · · 5] | | | | |
|  | 1 | 2 | 3 | 4 | 5 |
| 의견: | | | | | |

|  |  |  |  | Md |  |
|---|---|---|---|---|---|
| 2. 안전한 식품 관리방법 | 1 · · · · · 2 · · · · · 3 · · · · · [4] · · · · · 5] | | | | |
|  | 1 | 2 | 3 | 4 | 5 |
| 의견: | | | | | |

| ③ 식생활 관리 | 전혀 동의하지 않는다 | 동의하지 않는다 | 그저 그렇다 | 동의한다 | 매우 동의한다 |
|---|---|---|---|---|---|

|  |  |  | Md |  |  |
|---|---|---|---|---|---|
| 1. 영양소 섭취실태 알아보기 | 1 · · · · · 2 · · · · · [3 · · · · · 4] · · · · · 5 | | | | |
|  | 1 | 2 | 3 | 4 | 5 |
| 의견: | | | | | |

|  |  |  |  | Md |  |
|---|---|---|---|---|---|
| 2. 영양문제에 따른 대처(실천)방안<br>(예: 아침 식사환경, 싱겁게 먹기,<br>결식, 과식 등) | 1 · · · · · 2 · · · · · 3 · · · · · [4] · · · · · 5] | | | | |
|  | 1 | 2 | 3 | 4 | 5 |
| 의견: | | | | | |

| ③ 식생활 관리 | 전혀<br>동의하지<br>않는다 | 동의하지<br>않는다 | 그저<br>그렇다 | 동의한다 | 매우<br>동의한다 |
|---|---|---|---|---|---|

Md

3. 건강한 식생활 습관 알기    1 · · · · ·2 · · · · ·3 · · · · ·[4 · · · · ·5]

                         1        2        3        4        5

         의견:

Md

4. 건강한 미래를 위한 식사법 알기    1 · · · · ·2 · · · · ·3 · · · · ·[4 · · · · ·5]

                         1        2        3        4        5

         의견:

## Ⅱ-3. 올바른 식사 선택에 대한 긍정적인 태도를 가질 수 있다

| ① 영양 | 전혀<br>동의하지<br>않는다 | 동의하지<br>않는다 | 그저<br>그렇다 | 동의한다 | 매우<br>동의한다 |
|---|---|---|---|---|---|

Md

1. 건강유지를 위한 올바른 태도 형성    1 · · · · ·2 · · · · · · ·3 · · · · ·[4 · · · · ·5]

                         1        2        3        4        5

         의견:

Md

2. 내게 필요한 영양소 중요성 인식    1 · · · · ·2 · · · · ·3 · · · · ·[4 · · · · ·5]

                         1        2        3        4        5

         의견:

| ② 식품 | 전혀<br>동의하지<br>않는다 | 동의하지<br>않는다 | 그저<br>그렇다 | 동의한다 | 매우<br>동의한다 |
|---|---|---|---|---|---|

Md

1. 올바른 식품 선택 및 식품표시<br>   읽기의 중요성 인식    1 · · · · ·2 · · · · · · ·3 · · · · ·[4 · · · · ·5]

                         1        2        3        4        5

         의견:

# II-4. 올바른 식습관 형성으로 건강한 생활 실천하기

| ① 영양 | 전혀<br>동의하지<br>않는다 | 동의하지<br>않는다 | 그저<br>그렇다 | 동의한다 | 매우<br>동의한다 |
|---|---|---|---|---|---|

**1. 실천 가능한 식행동 수정의 목표 설정하기**

Md

1 · · · · · 2 · · · · · 3 · · · · · [4 · · · · · 5]

1          2          3          4          5

의견:

**2. 식행동 선택기준과 사회 심리적 요소를 포함한 균형 잡힌 식사습관 형성**

Md

1 · · · · · 2 · · · · · 3 · · · · · [4 · · · · · 5]

1          2          3          4          5

의견:

**3. 적정 영양량 섭취하기**

Md

1 · · · · · 2 · · · · · 3 · · · · · [4 · · · · · 5]

1          2          3          4          5

의견:


| ② 식품 | 전혀<br>동의하지<br>않는다 | 동의하지<br>않는다 | 그저<br>그렇다 | 동의한다 | 매우<br>동의한다 |
|---|---|---|---|---|---|

**1. 식품의 선택과 다루기 등**

Md

1 · · · · · 2 · · · · · 3 · · · · · [4 · · · · · 5]

1          2          3          4          5

의견:

**2. 식품 계량습관 익히기**

Md

1 · · · · · 2 · · · · · [3 · · · · · 4 · · · · · 5]

1          2          3          4          5

의견:

**3. 즉석식품 선택 바르게 하기**

Md

1 · · · · · 2 · · · · · 3 · · · · · [4 · · · · · 5]

1          2          3          4          5

의견:

③ 조리

| | 전혀<br>동의하지<br>않는다 | 동의하지<br>않는다 | 그저<br>그렇다 | 동의한다 | 매우<br>동의한다 |

1. 건강한 식사 준비하기

Md
1 · · · · · 2 · · · · · 3 · · · · · [4 · · · · · 5]
1       2       3       4       5

의견:

2. 조리실습 및 평가하기

Md
1 · · · · · 2 · · · · · 3 · · · · · [4 · · · · · 5]
1       2       3       4       5

의견:


④ 식생활 관리

| | 전혀<br>동의하지<br>않는다 | 동의하지<br>않는다 | 그저<br>그렇다 | 동의한다 | 매우<br>동의한다 |

1. 실천 가능한 식행동 실천하기(예:
다양한 음식섭취, 규칙적인 식사
등)

Md
1 · · · · · 2 · · · · · 3 · · · · · [4 · · · · · 5]
1       2       3       4       5

의견:

2. 외식선택방법의 실천(예: 패스트
푸드의 섭취제한, 바른 간식, 외
식하기 등)

Md
1 · · · · · 2 · · · · · [3 · · · · · 4 · · · · · 5]
1       2       3       4       5

의견:

3. 식사일지 작성과 평가

Md
1 · · · · · 2 · · · · · 3 · · [ · · · 4 · · · · · 5]
1       2       3       4       5

의견:

## III. 음식문화 및 식사예절에 대해서

다음은 두 번째 목표 음식문화 및 식사예절에 대한 이해로 식문화를 발전시킨다는 목표 아래 학습할 수 있는 내용들입니다. 목표에 적합한 내용인지 평정해 주십시오.

### III-1. 식생활 문화의 이해

| | 전혀<br>동의하지<br>않는다 | 동의하지<br>않는다 | 그저<br>그렇다 | 동의한다 | 매우<br>동의한다 |
|---|---|---|---|---|---|

| | | | | Md | |
|---|---|---|---|---|---|
| 1. 우리나라의 식생활의 특징 | 1 · · · · · 2 · · · · · 3 · · · · · [4 · · · · · 5] | | | | |
| | 1 | 2 | 3 | 4 | 5 |

의견:

| | | | | Md | |
|---|---|---|---|---|---|
| 2. 전통식품의 우수성 알기 | 1 · · · · · 2 · · · · · 3 · · · · · [4 · · · · · 5] | | | | |
| | 1 | 2 | 3 | 4 | 5 |

의견:

| | | | | Md | |
|---|---|---|---|---|---|
| 3. 여러 나라의 음식문화 알기 | 1 · · · · · 2 · · · · · 3 · · · · · [4 · · · · · 5] | | | | |
| | 1 | 2 | 3 | 4 | 5 |

의견:

### III-2. 식생활 문화 계승

| | 전혀<br>동의하지<br>않는다 | 동의하지<br>않는다 | 그저<br>그렇다 | 동의한다 | 매우<br>동의한다 |
|---|---|---|---|---|---|

| | | | | Md | |
|---|---|---|---|---|---|
| 1. 전통 음식 맛보기 | 1 · · · · · 2 · · · · · 3 · · · · · [4 · · · · · 5] | | | | |
| | 1 | 2 | 3 | 4 | 5 |

의견:

| | | | | Md | |
|---|---|---|---|---|---|
| 2. 전통 음식의 조리 및 상차리기 | 1 · · · · · 2 · · · · · 3 · · · · · [4 · · · · · 5] | | | | |
| | 1 | 2 | 3 | 4 | 5 |

의견:

## Ⅲ-3. 식사예절

|  | 전혀<br>동의하지<br>않는다 | 동의하지<br>않는다 | 그저<br>그렇다 | 동의한다 | 매우<br>동의한다 |
|---|---|---|---|---|---|
|  |  |  |  | Md |  |
| 1.여러 나라의 식사예절 알기 | 1·····2·····3·····[4····]·5 | | | | |
|  | 1 | 2 | 3 | 4 | 5 |
| 의견: | | | | | |
|  |  |  |  | Md |  |
| 2. 식품의 낭비와 환경문제 알기 | 1·····2·····3·····[4·····5] | | | | |
|  | 1 | 2 | 3 | 4 | 5 |
| 의견: | | | | | |

## Ⅲ-4. 식생활 문화 익히기

|  | 전혀<br>동의하지<br>않는다 | 동의하지<br>않는다 | 그저<br>그렇다 | 동의한다 | 매우<br>동의한다 |
|---|---|---|---|---|---|
|  |  |  |  | Md |  |
| 1. 건전한 식사문화 만들기 | 1·····2·····3·····[4·····5] | | | | |
|  | 1 | 2 | 3 | 4 | 5 |
| 의견: | | | | | |
|  |  |  |  | Md |  |
| 2. 식사예절 익히기 | 1·····2·····3·····[4·····5] | | | | |
|  | 1 | 2 | 3 | 4 | 5 |
| 의견: | | | | | |

## Ⅳ. 현재 영양교육의 문제점에 대해서

| | 전혀<br>동의하지<br>않는다 | 동의하지<br>않는다 | 그저<br>그렇다 | 동의한다 | 매우<br>동의한다 |
|---|---|---|---|---|---|

Md

1. 영양교육의 인식 부족    1 · · · · ·2 · · · · ·3 · · · · ·[4 · · · · ·5]

    1        2        3        4        5

   의견:

Md

2. 체계적인 영양교육 프로그램    1 · · · · ·2 · · · · ·3 · · · · ·[4 · · · · ·5]
   의 부재(예: 학교급식과 연계
   한 영양교육 미흡 등).          1        2        3        4        5

   의견:

Md

3. 영양교육 체계성 결여    1 · · · · ·2 · · · · ·3 · · · · ·[4 · · · · ·5]

    1        2        3        4        5

   의견:

Md

4. 영양교육 전문가의 부족 및 활    1 · · · · ·2 · · · · ·3 · · · · ·[4 · · · · ·5]
   용 미흡                        1        2        3        4        5

   의견:

---

| 본 연구와 관련한 종합 의견 |
|---|
| |

☞ 응답자: (              ), 근무처: (             )

－3차에 걸친 델파이 조사에 끝가지 응해주심에

다시 한번 감사드립니다.

· 저자 ·

황순녀    ·약 력·

현재 서울과학고등학교 영양교사(이학박사), 대한지역사회영양학회 평이사,
서울보건대학 식품영양과 겸임교수, 을지대학교 식품과학부 강사,
대한영양사협회 부회장, 서울특별시회장, 전국학교영양사회 회장,
동아시아 식생활학회, 한국급식·외식 위생학회 이사 역임

·주요논저·

「학동기 아동을 위한 영양교육 프로그램 및 매체개발」
(보건복지부 건강증진기금연구사업, 연구원)
외 다수

## 학교 영양교육 내용체계 구성론

| | |
|---|---|
| · 초판 인쇄 | 2008년 2월 29일 |
| · 초판 발행 | 2008년 2월 29일 |
| · 지 은 이 | 황순녀 |
| · 펴 낸 이 | 채종준 |
| · 펴 낸 곳 | 한국학술정보㈜ |
| | 경기도 파주시 교하읍 문발리 513-5 |
| | 파주출판문화정보산업단지 |
| | 전화  031) 908-3181(대표) · 팩스  031) 908-3189 |
| | 홈페이지  http://www.kstudy.com |
| | e-mail(출판사업부)  publish@kstudy.com |
| · 등   록 | 제일산-115호(2000. 6. 19) |
| · 가   격 | 12,000원 |

ISBN   978-89-534-8265-4 93590 (Paper Book)
       978-89-534-8266-1 98590 (e-Book)